高东生 著

我的虫子朋友

長江出版傳媒 | 长江文艺出版社

目录

牵着蜗牛散步吧

蜗牛名气之大，原因有二：一是速度慢，二是身上背着房子。

慢就慢了，还被人编成了歌来唱：

啊门啊前一棵葡萄树／啊嫩啊嫩绿地刚发芽／蜗牛背着那重重的壳呀／一步一步地往上爬／啊树啊上两只黄鹂鸟／啊嘻啊嘻哈哈在笑它／葡萄成熟还早得很呀／现在上来干什么／啊黄啊黄鹂儿不要笑／等我爬上它就成熟了。

葡萄发芽时就爬，到成熟时才上去，词作者极尽夸张之能事。树懒、考拉也慢，没被人编歌，人们只记住了它们的萌。乌龟因为和兔子赛了一次跑，名气也不小。

生来就有房子的动物可不多，蜗牛不但有，还随时背着，和房车差不多。

一般的蜗牛是土褐色的，多的是，特别是夏雨过后，有的地方能爬满一墙一树。见多了也就不稀奇了。

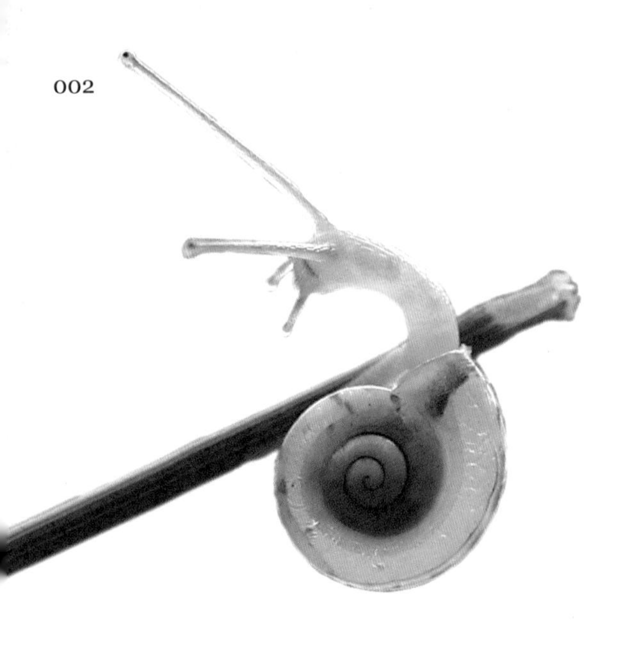

蜗牛的牙齿

蜗牛是牙齿最多的动物。它们的牙齿很小，密密麻麻地排列在舌头上，这些细小而整齐的牙齿大概有上万颗，人们难以直接用肉眼观察到。别看蜗牛的牙齿小，却很锋利，磨损之后还能不断地更新换代。

今日幸运，我看到了一只绿蜗牛。在叶子上爬着，很不显眼，这也算保护色吧。我想拿起它挪个地方，它慢慢把身子缩进了壳中，我放它到一根草秆上，它又慢慢地探出了头，触角一起伸出。它的眼睛在触角的顶端，但估计它高度近视，我看它还是靠触角来探路，我轻轻地一碰，它的触角就缩进一些，然后换一个方向，触角再慢慢伸出。它的壳一定很薄，逆光看，半透明，温润如玉。侧着看，渐开线状的螺纹也很清晰。还有更鲜艳的蜗牛，但到目前为止我还没看到过。

不久前在一座小山脚下的杂草中，看到一种另类的蜗牛。颜色灰白，并不亮眼，但逆光看，我发现它外壳的边缘有一圈儿细密整齐的小刺，整体看，它像钟表上的一个齿轮。它与众不同，对自己的房子做了装修，还是精装修。这大概是一只爱生活的蜗牛吧！

之前看一个资料，说蜗牛有上万颗牙齿，让我吃惊不小。这么多牙齿，那每个牙齿得多小啊，细密地排列在口腔中，恐怕比最细的砂纸上的沙粒还要细小吧。这么小的牙齿，估计吃起食物来也慢，得细细地磨，再送到肚子里，如此橙子就成橙汁儿，黄豆就成豆浆了吧。

这个世界，多么丰富。这么慢的蜗牛，身体柔软无骨，天敌也没消灭它，估计它也有了不起的生存招数。冬天风雪交加，它们去哪里了，没人关心，这间小房子能避寒吗？够呛，但没关系，第二年春天，它们早早就会现身。

蜗牛带着房子慢慢爬着，一副随遇而安的姿态。

这几年，木心的《从前慢》让人怀旧，有人还谱上了曲子：

> 记得早先少年时 / 大家诚诚恳恳 / 说一句是一句 / 清早上火车站 / 长街黑暗无行人 / 卖豆浆的小店冒着热气……

我听人唱过，不怎么好听。也许，这样的诗本来就不适合作歌词，更不适合唱。它是一种生活的信念吧，放在心里就行了。

从前慢，这是说人。而蜗牛，一直慢，在高铁、飞机普及的时代，它们也没提速。

如果你也想慢下来，重回慢生活，那就带着蜗牛去散步吧。

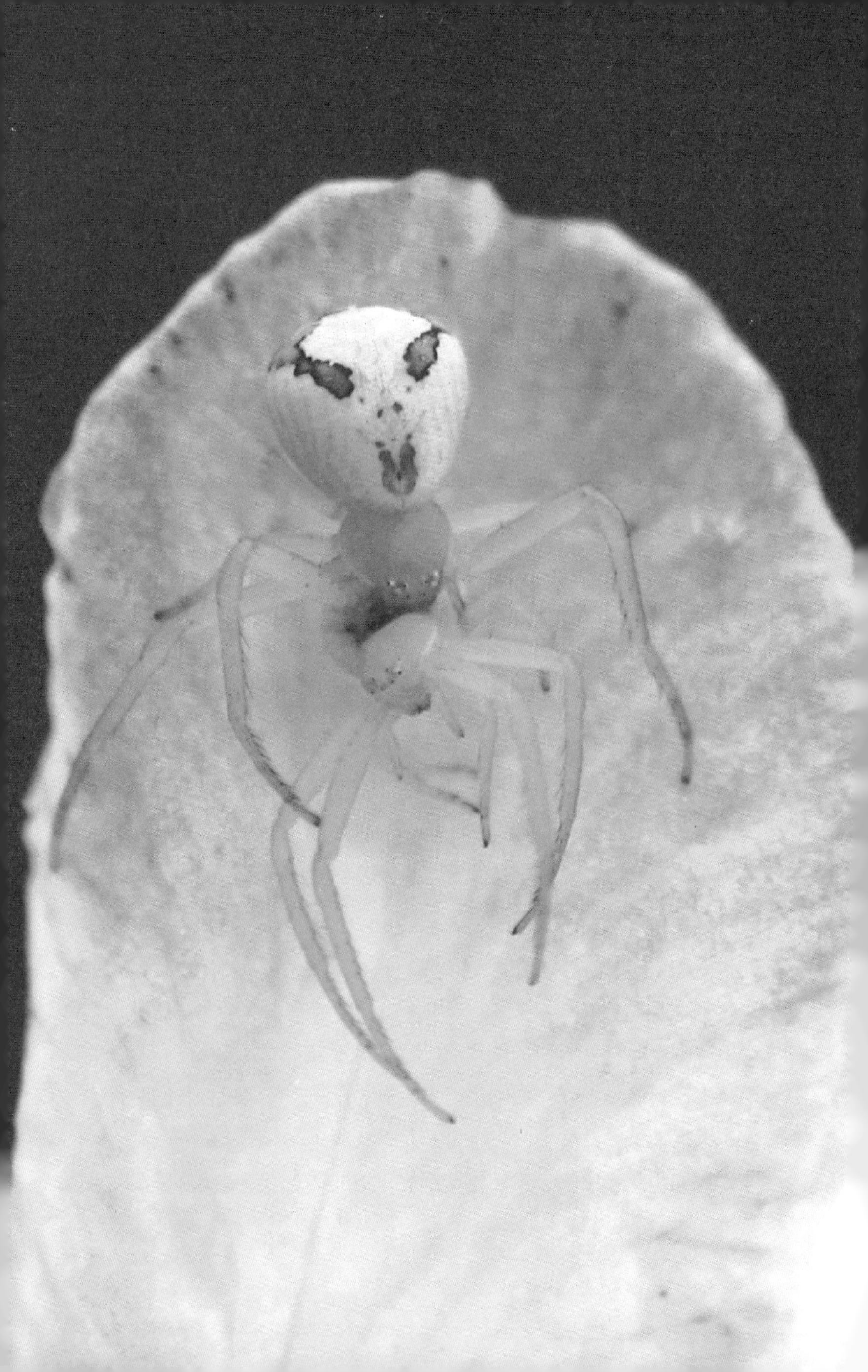

再也没有忘记你的容颜

就我的拍摄经验来说，在不大的范围内，相同的季节，出没的动物和花草风景基本上是固定的，拍几次也就没有新鲜感了。但蜘蛛是个例外。

我特别注意到了它们的背部，都有图案，几乎各不相同，我称之为“脸谱”。那些图案千奇百怪，让我过目不忘。

第一次是拍鸢尾时偶遇的。那时我还是入门不久的菜鸟，没事就挂着相机东游西逛，见到什么就拍什么，毫无目的。初夏的水边，鸢尾开了，白的黄的蓝的都有，花瓣奇特，垂着，微风一吹，蝴蝶一样翩翩舞动，我便噼里啪啦地拍了一通。到电脑里挑拣编辑的时候，发现一片花瓣上有两只小蟹蛛，放大再看的时候，吃了一惊：蜘蛛背部是一张火星人的脸，眼睛斜向上吊，嘴巴大张，还有一颗尖锐的牙齿。

第二天、第三天我又去那个地方寻找，影子都没找到。到现在，近十年了，我再也没有看到过有那种图案的蟹蛛。可是，我忘不了那张脸——这个小火星人，它真像是天外来客，只到地球上串了一次门，太远，费油，不方便，便再不来了。

当时我以为，有着奇异图案的蜘蛛世上罕见，能拍到简直是上天眷顾，后来才知道，那只是一个小小的开始。

一个不起眼的小鱼塘，不知废弃多久了，一看就是长时间无人打理，周边杂草灌木胡乱地长着；水里还有不少蓼花、水竹芋、小芦苇，盛夏过后开始干枯衰败，毫无风景可言。但我最喜欢这种地方了。果然，我看见了不少蛛网在阳光下闪着亮光。我的经验是，蛛网多，飞虫就多；飞虫多，这里的生态就不是那么糟。果然。而且，小蜘蛛似乎是我以前没见过的品种：棘腹蛛。它的肚子上有尖尖的刺。

这些小东西，不细看你是看不见的：它们太小了，黄豆粒一样。灰白的底色，黑色的图案，若是在阴影里，蛛网晃动着，乱七八糟的一小团，大概不会有几个人多看一眼的。但是，我看了，仔细看了。好像《传奇》中唱的那样："只是因为在人群中多看了你一眼 / 再也没能忘掉你容颜。"我咔嚓一声为它留影，放大看，是一张生动的可爱

的小花猫脸。

总觉得动物学家们命名的时候面无表情，甚至有些冷酷，这么精彩的图案丝毫也没有打动他们，他们只看到了小蜘蛛肚子上的那几根刺，好像一点也没有看见这张传奇一样的猫脸。不知是他们缺乏想象力，还是科学需要的是严谨。但，爱因斯坦不是说想象力比知识更重要吗？

黑斑圆腹蛛的名字我也不满意。瞧它的花纹多繁复呀！这不是自然的小精灵吗？上天多么偏爱它，用雕琢艺术品的心思创造它，多么惊世骇俗！黑斑，圆腹，就可以概括它了吗？这不是说奶牛吗？大概动物学家见多识广，对我这种孤陋寡闻之人的大惊小怪一脸的不屑。

金蛛就不用多说了，它们本身种类繁多，色彩艳丽，是蒙面侠客，不折不扣的蜘蛛侠。

更多的，是不知名的小蜘蛛，但是一样精彩，让人过目难忘。那天，就在我家旁边，一片香橼小树苗中，我又发现一只奇异的小蜘蛛。它像是从西亚而来的男子，脸上的毛发浓密，头部整齐光滑，像戴着一顶头盔。

太多了。今天春雨潇潇，气温尚低，它们依然沉睡。我默默地坐在窗边回想着那一张张奇异的脸，像回忆着曾经的老朋友。

梦想着能有一天偶然再相见，从此我开始孤单思念。

好像有人来过

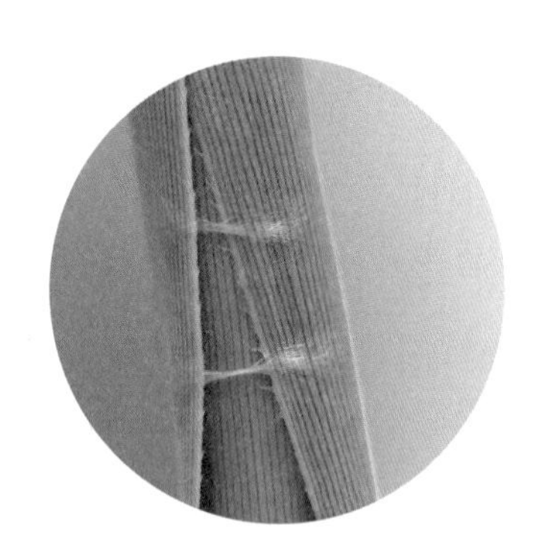

越来越喜欢荒僻的野外了，哪怕一小块儿地方也好。没有人的干扰，那里会自然形成一个小生态环境，那些生物开始会你争我夺，但不久就会稳定平衡下来。有植物，就会有昆虫；有开花的，就有采蜜的；水中的会游，有翅的会飞；白云在上，黑土在下……所谓大自然，我的理解，就是一切自然而然，听命天意。

这次有些异常。僻静无路的小水洼边，好像有人来过似的。莫道君行早，更有早行人。倒不是说有草木被破坏的痕迹，而是我看到了草丛中有很多唾沫。真恶心，谁吐在这儿的？但再向周围看去，并没有发现其他的蛛丝马迹，比如脚印，倒伏的杂草。就又仔细看那“唾沫”，均匀细小的气泡形成洁白的一团，很精致呢。忽然想到了很久以前看过的《昆虫之美》，那上面提到过它，可不是嘛……想起来了！这是沫蝉吐出的泡沫。为了防止被天敌发现，沫蝉会吐出一个个小气泡把自己埋在里面。泡沫还有一个作用是防止烈日把沫蝉娇嫩的身体晒坏。我实在好奇，便找了一根草棍轻轻拨开泡沫，渐渐显露出一个白米粒大小的小虫，根本看不清眉眼。于是用相机拍下来，再放大，

看其头部，是蝉的模样。然后小心翼翼地又把它放到了一片叶子的背面，希望不要因为我的好奇而伤害到这个小生命。

如此渺小的它竟然有这样的心思。我推想，是不是可以说，任何生命体，都有智慧，人类不能独占。

后来去野外，我就更加注意这些微不足道的细节了。

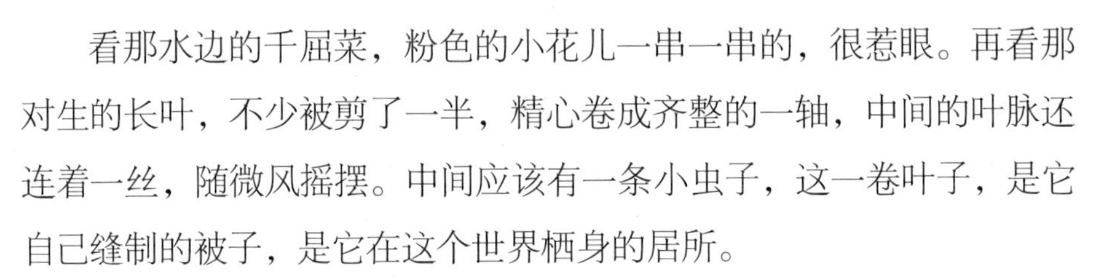

看那水边的千屈菜，粉色的小花儿一串一串的，很惹眼。再看那对生的长叶，不少被剪了一半，精心卷成齐整的一轴，中间的叶脉还连着一丝，随微风摇摆。中间应该有一条小虫子，这一卷叶子，是它自己缝制的被子，是它在这个世界栖身的居所。

我蹲在千屈菜面前看着，自愧不如。我用双手也未必能做出这么精巧的半片叶子的卷轴，那丝叶脉，稍不留神就会被弄断，但小虫做到了。它大概知道，这样最舒适，风轻轻地推着，可以天天荡秋千。

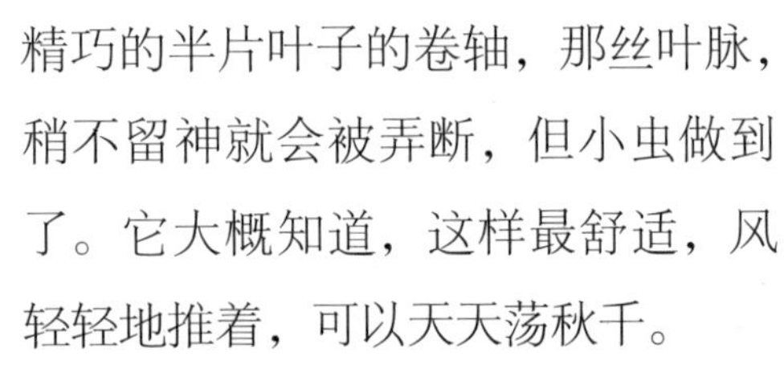

还有更厉害的小虫子，会自己制造针线并使用。夏秋的苇叶上常常能看见它们的杰作，比人类的手工更精巧。初见的时候我很迷惑，粗看还以为是孩子的恶作剧，但马上就否定了这个想法。荒郊野外，现在哪个家长放心让孩子出来玩耍？况且这么精巧的针线活，会的大人恐怕也不多了。

这片叶子里面，有什么宝贝值得它这么认真地缝好？这可能是它的藏身之所，更可能是它的产房。这次，我抑制住了自己的好奇心，只是佩服地欣赏。这小虫子吐出的细丝，远比头发细得多，人眼难以看清，我看到的这白色的一束，不知是它往返多少次缝制的针脚。

每到这时，我说话总是小心翼翼，我怕别人把我忠实的记录看成是夸大其词的文学描写。此时，我忍不住把它们和我们人类比一比：是不是可以说，能制造丝线，这是物质的生产；这么认真地完成，是精神的升华？

这一刻，我对它们无比敬重。

荒野中，你若留神就会发现，这种情况比比皆是。好像有人来过，其实和人无关。

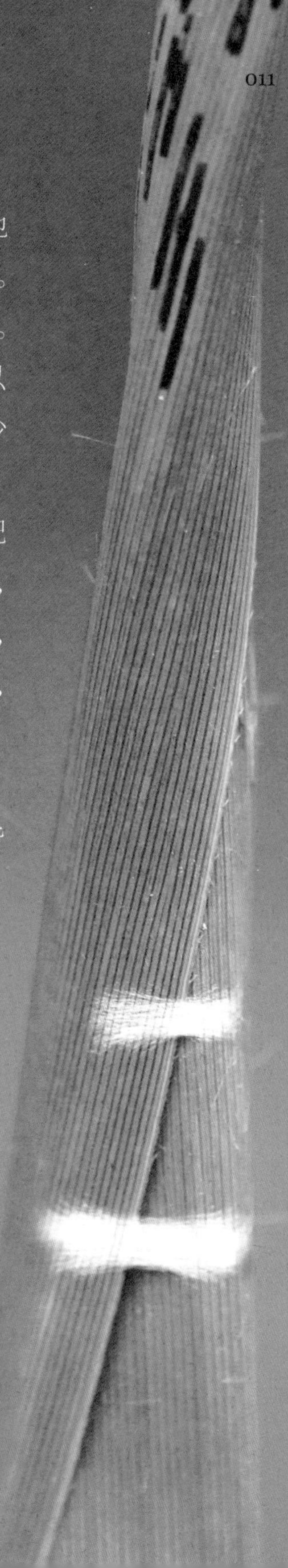

到处都是童话

夏至已至，野外的小生命们到了最旺盛的生长季节，到处是绿草野花儿，到处是爬虫飞虫，我最喜欢这个时段了。草丛中的世界，远比我们的生活丰富多彩啊！

那根草穗上，一只瓢虫和一只螽斯撞到了一起。它们是怎么回事？螽斯大概是在晒太阳，大腿几乎都平伸了，一看就是放松的状态。瓢虫爬过来，由于速度太快，来不及刹车，一下子碰到了螽斯。螽斯大怒，转过身来："为什么撞我？"瓢虫一脸的无辜："哪儿是我撞的啊。"螽斯更火了："这没别人，还会是谁？蚂蚱？臭蝽？"螽斯又往前走了一步："再犟嘴，信不信我把你扔下去！"瓢虫这才软了下来，道了歉，转过身去。螽斯则继续晒太阳。

旁边的红千层树有些木讷，对季节一点儿也不敏感，都到盛夏了才开始换新装，旧衣服还穿着，灰绿色，土了吧唧的。树枝上满是去年的收成，它舍不得放下，不知还等待什么。我细看，那果实土里土气的，像村子里的工匠烧制的腌咸菜的坛子，土褐色，器型不是很规

整。比刺蛾的蛹壳差远了。

刺蛾是当之无愧的工匠大师。那些小陶罐一样的刺蛾茧精致而坚实，在树干上，几年都不坏。这样的小罐子，没人收集起来，真的太可惜了。蜻蜓可以带回去，做水杯。蝴蝶更应该珍惜，插花再合适不过了。我向旁边看去，恰好有几朵小花儿正开着，小如米粒。我折了一小枝，小心插好，那粗黑的树干一下子亮堂起来。

附近的蓬草长得真是茂盛，颇具规模，像小松树林。草蛉穿着绿色的长裙出来，像是和我在捉迷藏，它在考验我的眼神儿。它的身子也是绿色的，落在草枝子上，就成了漂亮的草；飞起来，就像一截草随风飞舞。它的眼睛很大，和它的小脑袋不成比例，而且是古铜色的，亮闪闪。我早就发现了它，可它还在那里装模作样。

我为那只蝴蝶在草丛中蹲了很长时间，它不紧不慢，翩翩而飞，和我若即若离，我不敢站起来，那样蝴蝶会离我远去。意外的收获是来了一只蜻蜓，就落在我眼前的草穗上。它虽有复眼，但肯定没发现我。它落下，休息，好闲适啊。我能看到它歪着脑袋研究脚下的草穗，面带微笑，它还用前面那条，左腿，或者叫左手，轻轻抚过草芒。

植物下面潮湿灰暗，但烂叶子中钻出了两朵小蘑菇，一高一矮，相互依偎着，就是一篇童话的结尾：从此，它们过上了幸福生活。

这些小生命真好玩儿啊，可惜好多人看不见。看见了也不知道哪里好玩儿。

有一次影展，我提供了一张照片，湛蓝的天空背景下只有一片孤零零的树叶。那是鹅掌楸的叶子，很像一件小衣服，被树杈挑着在晾晒。天气多好啊！可是，多小的小孩子才能穿上这件小衣服呢，想想，不禁莞尔。我给照片起名为“童话”。一位观众问，明明是一片小树叶，为什么叫“童话”呢？

我不知怎么回答，也只好闭嘴。

羽化

南方的深秋，虽不像北方那样冷，但早晚间，也可用“寒凉”一词来形容了。花儿基本上都败了，草枯了，虫子们少得可怜。

但我还不想放弃，就像农民们收获完花生的田地里，只要仔细搜寻，用勺子、铲子、刮子这些工具，一层一层地拨开土壤，总会捡到遗落的几颗，而且因为少，更显可贵。冬眠，甚至死亡，都是虫子们要面临的实际问题，但我想，那么些个虫子，哪有那么步调一致啊？果然，在一片杂草中，我就发现了一只虫蛹。不知是蛾子还是蝴蝶的，但仔细观察，能看出里面隐约的两只黑眼睛。

虫蛹羽化大多在凌晨，现在太阳升起了，它还这么静悄悄地挂着，可能是出了什么问题。是不是它错过了季节，现在出现了误判？比如它以为现在该是春末，景色优美，温度适宜，食物充足。的确，这时候的气温跟春末也差不多，但接下来的日子就江河日下了。即使它羽化成功了，它吃什么呢？它还能找到伴侣吗？它的寿命能有多长呢？

我边找边拍，转了一大圈儿回来，看它还没什么动静，犹豫了一会儿，还是决定把它带到我家里。室内温度适宜，它也许还能顺利羽化。

为了尽量和野外环境接近，我把它放在了一棵蓬莱松的枝叶间。那天晚上，我起来不下三次，生怕错过它羽化的机会，可是，我看不出任何变化。早晨，太阳又一次升起来了，它依然静悄悄的。不过，蛹的颜色发生了变化，明显深了。看来，它没死，它里面在发生着天翻地覆的变化。

现在是上午了，按常识推测，它可能要明天凌晨才能羽化。于是我便不再理它，开始擦桌子拖地。没想到，这一漫不经心让我错过了

一个观赏蝴蝶羽化的绝佳机会。

再转回到蓬莱松的时候，无意间一看，咦，那只蛹变白了，再看，空了，再看，一只弄蝶已经出来了，就落在蛹的下端，因为暗淡，不怎么显眼。对，是弄蝶，我早就应该猜出的，在野外的时候已经能看出它那双美丽的大眼睛了，别的蝴蝶的眼睛没有这么大。

我悄悄地放下拖把，生怕惊飞了它，那就是第二次错失良机了。赶紧拍，换角度，变光圈，换背景，拍。它很安静，看来它的翅膀还没有晾晒好。我知道此时的昆虫都很老实，很听话，便伸出了我左手的食指，果然，它爬了上来。又拍，再把它放到阳台晒衣的栏杆上。

微风吹得它的翅膀轻轻抖动。过了一会儿，它展翅腾空了。翩翩地，上下翻飞，空气像大海，它随波起伏。

“羽化”，有书中解释为“道教称飞升成仙”。这个解释不错，但为什么“羽化”就是“飞升成仙”呢？我想这不是“羽化”的本义，本义应该指昆虫由普通的肉虫或蛹，化为成虫长出翅膀的这一飞跃。例如蜻蜓，它的幼虫在水中长大后，会选择一天凌晨，爬到一根水草上面，从蜕去的壳中钻出，展开翅膀。这是一次了不起的蜕变，长出翅膀，天高地阔，几近无限。在人类的想象中，天使也不过是人的后

背多出一对翅膀。

有了翅膀，随意往来天地之间，多么自由。想想之前，它还只是一条匍匐爬行的肉虫，那这对翅膀就更加可贵，甚至可以说是——伟大。

苏轼被贬到黄冈后有一天夜游赤壁，像佛教修行中的顿悟一样，似乎突然解开了纠缠自己大半辈子的绳索。他在《前赤壁赋》中写道：“飘飘乎如遗世独立，羽化而登仙。”

这是苏轼在赤壁之下的精神飞升，就如昆虫的羽化，一双翅膀把他带到了神一样的高度，湖泊、山峦、森林、成片的花草，朋友，甚至敌人，都越来越远，逐渐模糊成一个个小小的斑点。回想以前无聊的纷争，是多么微不足道。

我目送这只弄蝶一直飞到我看不见的地方，以此告别，也表达我的敬意。离真正的冬天还有些日子，它还能看看深秋的景色，也不枉羽化重生一次。

就在我身边

大自然中有很多奇葩的动物。例如大象吃饭喝水都要借助那根长长的鼻子，不可思议。梅花鹿雄鹿的犄角能长成树杈状，在丛林中奔跑，不怕被挂住吗？鸵鸟不会飞而成了长跑能手，这不退化了吗？飞鱼的鳍却有翅膀的功能，这不是和鸟儿抢地盘吗……但这些和昆虫比较起来，就都再正常不过了。昆虫不仅数量巨大，而且繁多的花色品种超乎想象，例如蝶角蛉。

曾经看到过朋友拍的蝶角蛉，非常惊讶，简直是看到了昆虫界的四不像。接着是感叹，它们大概生活在非常偏远的地方，想拍到它们，

就看上苍是不是眷顾你了。没想到，后来我在常去的湿地公园就拍到了蝶角蛉。

那时快九点了，天气闷热，光线也硬了，我便往回走。但看水边的那片茅草高与人齐，也许藏着漂亮的昆虫，那就再找找看。小心地走了几步，就看到了一只花色暗淡的“蜻蜓”。蜻蜓常见的就有碧伟蜓、大团扇春蜓、黄蜻、白腹小蟌、红蜻蜓和蓝蜻蜓，这都是我拍过的，褐色和淡黄的条纹绝对是“暗淡”了。但且慢，这只“蜻蜓”有长长的触角，差不多与身体等长。我几乎是屏住了呼吸，慢慢端起相机，调整参数，小心翼翼地蹲下身子，拍两张，再蹑手蹑脚地贴近一些，再拍，再接近。它似乎有所察觉，忽地便飞走了，和蜻蜓一样灵巧迅疾。我愣愣地站着，四下查看，也许还有它的兄弟姐妹们在这里栖息。可没想到它转了一圈又飞回来，落在不远处的草叶上。我继续慢慢靠近，挑选几个角度，前面，后面，侧面，对准触角拍。它的触角太像蝴蝶的了，细长，一节一节的，顶端鼓槌状。但我从没看到蝴蝶有这么长的触角。这只蝶角蛉就像戏曲舞台上的角色，像一只普通

知识小档案 >>

像蜻蜓的蝶角蛉

蝶角蛉形态很像蜻蜓，有着发达的翅，飞行能力强，常常会被误认为是蜻蜓。但蝶角蛉的触角呈锤状，其长度超过前翅的一半。因其触角如蝶类，故得名蝶角蛉。

的猴子戴上了雉鸡翎的头冠，一下子灵动起来，就成了美猴王。

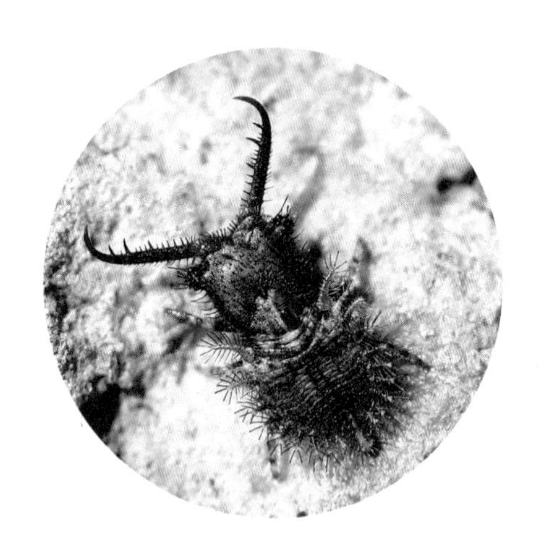

蝶角蛉大概是模拟蜻蜓，但只是形似，它和蜻蜓是很远很远的亲戚，和蝴蝶更远，倒是和穿长裙的大眼睛的草蛉是近亲。复眼已经很有视觉优势了，那么长的触角干什么用？晚上做盲杖吗？还是为了讨得异性的欢心？自然界的生命真是太丰富多彩了。

我怎么也想象不出，它就是从我前几天拍到的那种浑身是刺的小虫子羽化而成的。那毛刺的小虫比蚂蚁大不了多少，还有两只大钳子，张牙舞爪的；而现在的模样却优雅极了，比女大十八变还让人惊奇。是那一对钳子变成了这两根长长的触角吗？那扁平的小虫如何调整成这纺锤状的腰身？哪里来的两对大翅膀？一身的利刺哪里去了？

这么神奇的小精灵就在我身边啊。

是不是，那棵大树上藏着很多丽甲，只是我没发现而已？是不是，水边的那片芦苇中就栖息着神秘的枯球箩纹蛾？是不是，水杉的树顶常有龙眼鸡聚集，只是我到不了那个高度？是不是，昨晚在我的窗外就有好多只绿色的天蚕蛾拖着长长的飘带悄然飞过，只是我在酣睡？

过了两天，我又去了那里，心想，也许能拍到它芝麻粒大的形如鸡蛋的卵。哪知，快走近的时候我惊讶地停下了脚步——

半干枯的几捆草，横躺如死尸：那片茂盛的茅草已被割掉了。

比你想象得要小

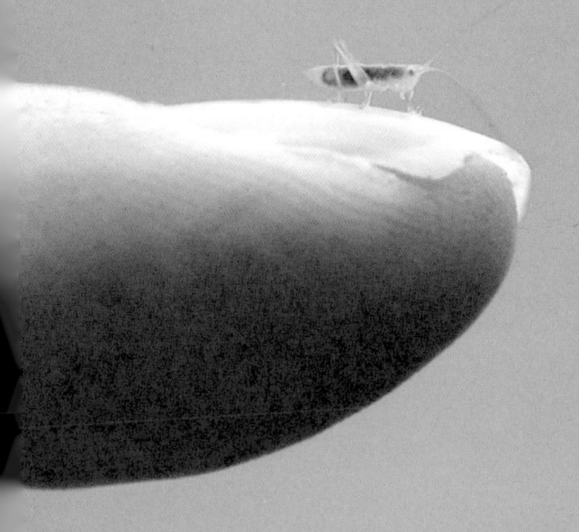

可能是拍摄景深的缘故，微距摄影人更喜欢拍摄小生灵，很小很小的那种。没用过微距镜头的人想象不出，光圈最大、距离最近的时候，拍摄景深有多么浅：一只小豆娘，整个身子都在焦平面中，但眼睛拍清晰了，翅膀不一定清晰。而很小的那种昆虫，才一二毫米，掌握好的话，就能全部拍清晰。而且，小，本身就有难以抵抗的美的力量。

最近拍虫子，如果各个角度都拍过了，小虫子还很老实，我就会和它们玩一会儿。

那根小狗尾巴草的草穗上有什么东西晃了一下，走近了看，勉强能分辨出好像是小螽斯，触角很长，还没长翅膀，喜欢跳来跳去，但跳不远。我伸出手掌，它便跳了上来。它爬，我便转动方向。后来它爬到我左手食指的指甲盖上便不动了。身子约是我指甲盖三分之一的长度。伸出你的食指，侧着看看指甲盖，想象一下，一只三分之一长度的小昆虫站在那里，多么小巧的生灵啊！普通的蚂蚱和蜻蜓，在它面前就是庞然大物了，也显得粗大笨拙。

黑斑园蛛我拍到过好多只了。它们背部的图案各不相同，而且身量大小不等，不知道是不是年龄的原因。我看到过的最小的那只，身子连腿也不足白米粒大。我逗它从巢里出来，它爬上了我手里的小草棍儿，后来它匆匆忙忙躲避，又跑到了我手上，顺着食指爬到了指甲盖的尖端，我才拍清楚。这就有参照了，在指甲盖的转弯处，大小你心里有数了吧？可是，那么小的黑斑园蛛，背部的图案精巧得像一张人脸，它是怎么做到的？这个世界总能带给人惊奇，哪怕是这么小的生灵也不例外。

这是一只小龟甲，我猜是，圆墩墩的，扁平，太像一只小乌龟了。不过，可比乌龟漂亮多了，背部黑绿颜色的搭配，不俗；还反射着金光，有些华贵，周围是半透明的裙边。就是那一闪光，让我发现了它，也发现了它的与众不同。你知道它有多小吗？告诉你，它身子下面是狗尾巴草的草秆，两三毫米宽吧。我还没拍几张，它大概感到了危险，鞘翅打开，又展开了下面折叠着的精巧的膜翅，腾空而起。它竟然还能飞！

蟹蛛本来就没有大的。小，而且有隐身的功夫，一般人看不见。如果在花丛中，在嫩叶上，我也不一定看得到。但它们顽皮，到处跑，还很自信，那么小就学会了劫道。细草秆上，嫩须上，叶脉中间，占据一条道路后，就张开前面四条大长腿，等小虫子过来，随时拥抱，然后使毒。你看这根甜瓜须上，这只小蟹蛛的姿态多么霸道，真的是霸住了道路。你再根据须的直径和那滴露珠就可以判断出它的身量了。它是食肉动物，迷你的劫匪。

更小的昆虫应该不计其数。你有没有这样的经历，夏天灯下读书，偶尔会有小虫飞来，落下，好像它也要学习似的，它爬到字里行间，甚至能跑到句号里面转一圈儿。

如果能拍清，我想象，它们一定也有奇异的色彩和轻盈的翅膀。

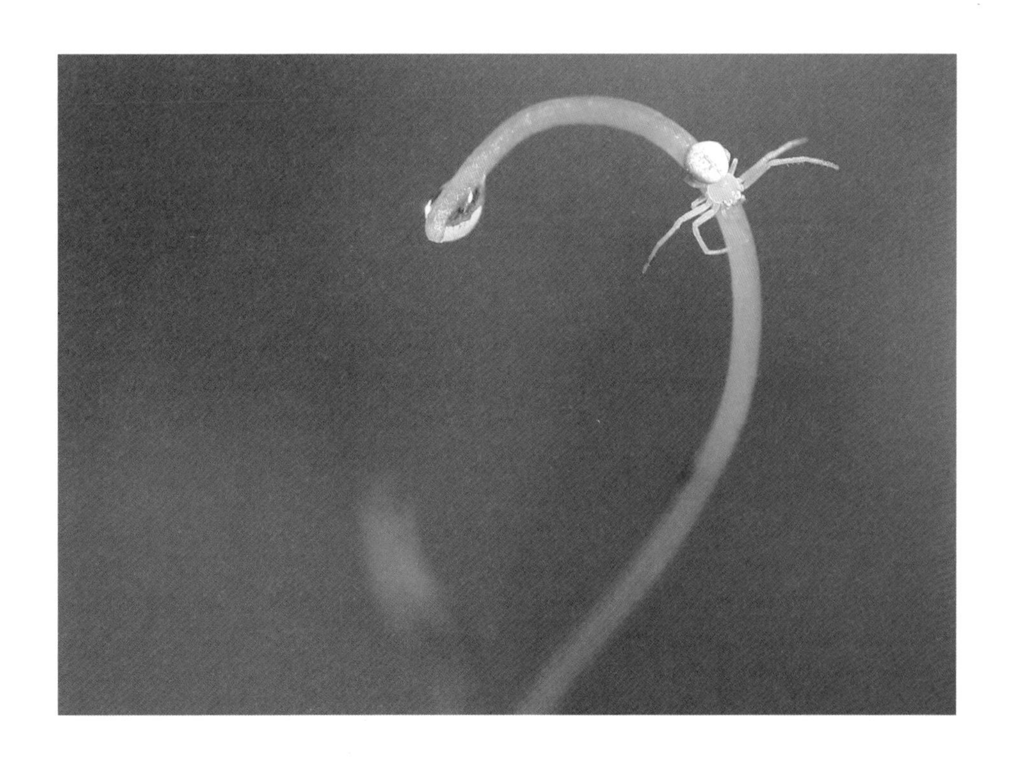

虫子何处不相逢

那次在小桑树上发现了一只褐色的尺蠖，隐身术之完美，堪称大师，比枯叶蝶都厉害。我写了一篇小文章，配了两张图，发给了编辑。哪知，发出来之后配的却是另外的图片，愣了一会儿我才明白：大概编辑没看出图片中的尺蠖。我已经聚焦了，我已经放大了，人家还是没看出来。或者看出来了，但不相信：怎么可能？那不就是个小树杈吗？你配错了照片吧？

我其实很高兴，这只尺蠖几乎完美拷贝了树枝的样子，包括那些细小的凹凸和斑点，就像 3D 打印下来一样，分毫不差，它多么厉害呀！我也多么厉害，居然发现了它。

我喜欢拍虫这件事被很多人知道后，常有人告诉我一些信息，例如墙角的蜘蛛，树上的虫卵，叶片后的蛾子，花间的螳螂……但多是寻常的品种。

也有我需要的喜讯，例如今天的一只小尺蠖。

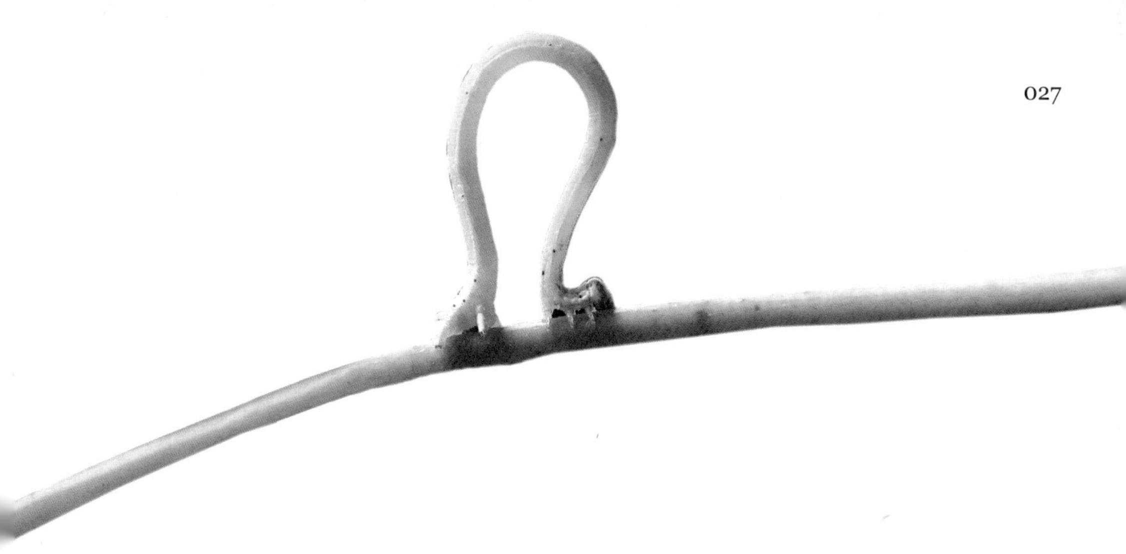

朋友给我发了照片，是尺蠖无疑。但这只太细了，太长了，我以前不曾见过。于是，马上带相机过去。我拍着，朋友在旁边喋喋不休："那天从别人的盆子里挖的铜钱草，缓过苗儿来了，就两根，还等着它发展壮大呢，今天发现蔫了一根，叶子都变了颜色，秆子上出了个小杈，细看才知道是这只幺蛾子……"

这只尺蠖大概是单食性的，它只在铜钱草上活动，因为它的颜色和大小跟铜钱草的秆子一模一样。这是我猜的，没有验证。它尾部的伪足短小，但比头部的六条腿粗一些，利于抓握，估计还有吸盘之类的部位。六条真足细小得看不真切，不注意还以为是小杈的毛茬。

尺蠖的四只伪足抓住秆子，身子伸得笔直，太像一截秆子了。我逗它，用手指碰了它一下，它身子向旁边躲了一下，然后就又复位了。我也很倔的，看它能坚持多久。过了八九分钟吧，它才动起来，头晃来晃去，似乎是寻找道路，看有没有可抓握的东西，我怀疑它没有眼睛，或者是高度近视。没别的路，只有秆子啊，便顺着细秆往前爬：好夸张的造型啊，倒 U 字，头尾都快接到一块儿了。为什么中间不长腿呢，这样爬多么夸张，多么引人注目，多么容易暴露啊。它大概也知道这一点，所以轻易不爬行，待在一个地方，保持着秆子一样的造型。

后来它又发现了那片叶子，就伸过头去，直了，便不再动，悄悄地吃了几口，又停下了，与旁边垂下的秆子几乎平行。它警惕性很高，似乎时时刻刻都不忘把自己摆得不像一只虫子。

千万年积累的经验啊，变色龙和青蛙的舌头像带绳子的飞矢，它们像狙击手一样隐蔽伏击；鸟儿们为了养儿育女不断地在草丛中飞来飞去寻找虫子，它们眼神多么犀利，鸟喙如尖刀一样；还有螳螂，食虫虻……都不是善主儿啊。弱肉强食的世界里，谁都不愿服输。

回到家，看到窗台上我养的那盆铜钱草，也心存疑惑，一株一株仔仔细细地检查过去，没有发现尺蠖。

舌尖上的美味

早晨，在湿地公园的一片草叶上看到了一只食蚜蝇。很安静，晨光柔和，我便悄悄地接近。它不很在意我，一定是有什么更吸引着它。

那里没有花朵。我细看的时候，发现了一块黑色的东西，它吃得津津有味，埋着头，一条腿还搭在上面，根本没注意我的靠近。拍好，在相机上放大看，也看不清是什么。从形状和颜色来看，我猜，是鸟儿之类的小动物留下的粪便。

想想，这并不奇怪。食蚜蝇长得很像蜜蜂，黄黑白的条纹该是它们为了吓唬天敌的拟态。它们在花丛中穿梭的时候，很多人会误判。长相是外在的，它们毕竟是蝇类，追腥逐臭很正常，这是它们的爱好，就如秃鹫专食腐。除去微距摄影爱好者，很少有人注意食蚜蝇，更不要说喜欢了。其实，食蚜蝇很漂亮，尤其是头部。人类有的时候，太不宽容了。非要把自己和动物区别开来，还进一步把动物分出个三六九等，甚至有“顺我者昌，逆我者亡”的粗暴。

又或者，喜欢把动物按照人类的道德标准去衡量一番，牵强附会。例如羔羊跪乳，例如乌鸦反哺。以母羊乳房的高度，小羊跪下来吃奶

完全是出于方便，根本没有感恩一说。我在农村的时候，也曾看到过羔羊都不小了，还想跪到母羊的肚子下吃奶，大羊一次次躲开，甚至回头撞小羊，让它离开。前几天我还看到一个资料说，乌鸦反哺，所有的生物学书上都没有记载，也就是说科学并未证实。

有无数次，我拍花儿的时候，看到采蜜的既有蜜蜂也有食蚜蝇，这是它们的共同爱好。食蚜蝇喜欢另类的食物纯属个人喜欢或习惯，与品德无关。有人拍到过蝴蝶吸食动物的粪便，不要大惊小怪，在它们的眼里，粪便和花蜜一样对自己来说都是有营养的物质而已，无所谓高低贵贱。

有人喜欢吃榴梿，有人喜欢吃猪大肠，蚕蛹、豆虫都有人吃，肯定还有更奇葩的食物和吃法，只是我们不了解而已。

食蚜蝇吃的，你没尝过，无权评判。即使尝了，也不应说三道四，你和它们的标准不一样。我曾尝过兔子喜爱的食物，如苦菜花和曲曲菜，都苦不可言，但它们细细嚼来，嚓嚓有声，用现在流俗的句式说就是，那是它们舌尖儿上的美味。

食物，没有好吃与难吃之别，只有个人的喜欢和厌恶之分。

人类也不必对自然界的其他生灵擅自点评，妄加揣摩，这是一份基本的尊重。

只争朝夕

拍昆虫要早起，最好比鸟儿还要早。那时，很多昆虫懒懒的，似乎还没有睡醒，它们没有过夜的棉被，一身露水，大概都冻麻了。有的勤快，晨光熹微时，已经开始吃早餐了。

一只翠绿的条螽，不知为什么，不在绿草间隐身，却爬到了两根枯草上玩双杠。它的长胳膊长腿，在细小的草秆上爬行并不方便，六条腿东抓西挠，不断在寻找着可以攀附的东西。看它的肚子，像个孕妇，它是不是在寻找合适的产床呢？不对，它应该在土里产卵吧。它不飞，也许是翅膀潮湿；也许，薄薄的翅膀，要带动这么笨拙的身躯，大概也不是一件轻而易举的事情，平时也就是借助两条大腿的弹力做短距离的飞行。

抓住一片枯叶后，它似乎喘了一口气，稍作停留。草秆上的露珠顺势滴落，又停住。就这两三秒钟的时间，我看到一件意想不到的事情：一只米粒大小的蜘蛛以迅雷不及掩耳的速度在条螽的触角和草秆

间吐丝结网。

那只小蜘蛛大概以为好机会来了：清晨醒来，想结网，但找不到合适的支撑物，现在终于等来了。也许，它之前刚结的网就是被条螽弄破了，于是闷头织网织到了条螽身上。只是条螽一动，它的劳动成果就会瞬间化为乌有，但它不管，它也管不了。它也许根本不知道，它只看见了条螽的触角适合结网，却不知后面还连着一个活着的庞然大物。这不，条螽换了一个角度，小蜘蛛刚刚结成的丝网就作废了，但它跟着条螽的触角，往下移动了一段，重新织造。

蜘蛛有八只眼睛，但眼睛多不等于视力好，它是个近视眼。也不知它到底看没看见条螽。又或许它看见了，只是它已经饿了很久了，赶紧结网捕到一只小虫才是天大的事情。就它的身量而言，哪怕一只蚊子，对它来说也是一顿大餐。它不像跳蛛、狼蛛和猫蛛之类，可以主动出击，它唯一的资本就是自己肚子中还有丝液，可以结成网。也让人惊叹，你很难找到比蛛丝还细的线了，这只小蜘蛛织好的网还没有我掌心的二分之一大。

也许这只小蜘蛛这么着急地结网是出于繁衍的需要，不知它的寿命有多长，虽不像不知晦朔的朝菌和寿命只有一天的蜉蝣，但寒冬在即，它还要完成生儿育女的任务呢，不抓紧时间行吗？

那次我去湿地拍照，也巧遇一只同样莽撞的蚊子。当时我正在拍那只蓝黑花纹的蜻蜓，对好焦准备按快门的时候，一只蚊子飞过来，落在蜻蜓的翅膀上，开始寻找下嘴的位置。这太不可思议了：蚊子，可是蜻蜓菜谱上的名菜啊。这不是自投罗网吗？我不知道蚊子的视力怎么样。这只是母蚊吗？怀孕了吗？它是不是急于找到食物来补充营养？或者，为产卵做最后的准备？也是等不及啊，荒凉而广阔的野外，从哪里吸吮一滴鲜血呢？野生动物本来就不多，大部分还都有皮毛保护，想打它们的主意，实在太不容易了。吸吮人血？更难了。这里少有人来，来的人也都全副武装，甚至喷上了防蚊花露水，更为关键的是，他们也不会“坐以待咬”。

我马上对着蚊子调焦，还没对准，蚊子跑了，蜻蜓也飞了。

它们不等我。我技术不行，下手也太慢了。

同样的，这只蚊子也是盲目地寻找生存的机遇，可能靠概率吧，可能大部分不久就死掉了。但它们整体的数量太大了，一小部分碰到好运就够了。大自然中，风霜雨雪，电闪雷鸣，灾难太多了，但生命也是你难以想象的顽强的。

大概，生命更多的是一种生存的本能，是不折不扣地执行体内的基因指令。生存，繁衍，几乎就是它们生命的全部了。

晚一步，不是饭菜凉和热的差别，而是生与死的界限。

要是总结提炼，升华出什么励志的主题，大概是时不我待，只争朝夕。

十八般兵器，一分长一分强，一寸短一寸险，说不上谁优谁劣。江湖险恶，总要有一门武艺在身才能走得远，不然牛二都能欺负你。

在动物界，好像强者总是光明磊落，就如关羽敢单刀赴会一样，无须隐藏。猎豹，有速度；大象，有力气；雄狮，有血盆大口和锋利的牙齿；黑熊，爪子超过十厘米，匕首一样……弱者活着不易，很多时候东躲西藏，靠不起眼的独门绝技苟且偷生，其实也不简单。

现在的每一种动物，哪怕是一只小到你看不清眉眼的小虫，也和我们一样是从同一条生命之路上缓缓而来的，只不过在不同的选择之下，漫长的演化把我们打磨成了不同的模样。但，关键是大家都走到了亿万年后的现在，那小虫就真的是弱者吗？恐龙大，大到我们无法想象，但它消失了，现在只能靠化石辨认，它算强大吗？蚂蚁渺小，一脚就能踩死几只，但它们却数量庞大，大到是你无法想象的天文数字，能说它们弱小吗？

蝽，属半翅目，是昆虫里面很丰富的一个种类，很讨厌的“臭大姐”——蝽象就属此类，我不久前才知道。我也是偶尔

昆虫刺客——猎蝽

猎蝽是昆虫界出名的冷血刺客，它们在捕食猎物时，先会以迅雷不及掩耳之势扑向猎物，然后将坚硬的长喙毫不留情地刺进猎物的身体内。与此同时，注入含有消化酶的毒液，不久猎物的内脏组织就会被液化分解。之后猎蝽便会悠闲地吸食享用它的美味，只剩下一具空壳。

通常采取这种捕食方式的生物，其口器内会同时拥有彼此不相通的注射器和吸食器，但猎蝽的喙既是注射器又是吸食器，使得它们的捕食效率大大提高。

拍到，然后通过看一些书才慢慢知道，行动迟缓胆小怕事的小蝽，竟然也是厉害的杀手。

猎蝽有江湖上很少人使用的暗器——一根梅花针。那是它的刺吸式口器，平时小心折好，藏在胸前，用的时候再展开，呈旗鱼、剑鱼的样子。它出击迅猛，简直是迅雷不及掩耳，那么小的猎蝽，那么细的一个刺，竟然能刺穿瓢虫的铠甲。这真像《神雕侠侣》中李莫愁使用的冰魄银针，假如和使青龙偃月刀的关羽对阵，关老爷不见得能有多少胜算。猎蝽的刺有毒，像蜘蛛一样，能分解猎物，外消化，不然那么细的口器，吸管一样，食物稍硬就会堵住，它大概只能吃饮料一样的食物。

树干上的这只猎蝽，从侧面的角度，能很清楚地看清它的武器，我还是第一次看到蝽的口器，这么粗壮有力。我靠近，它只微微闪了一下身子，并不怎么怕我，还伸出一只没了刺钩的手，像是警告我："你可离远点儿，小心误伤。"

这一只，从它的腹部看，那根细针就更清楚了吧。

还有这只，还是没长翅膀的若虫，也许是刚刚蜕过皮，鲜艳而娇嫩，但你看，它早就备好了武器，准备刺向猎物。

我还在花岗岩上拍到过一只晒太阳的蝽，小如苍蝇，但它的武器竟然那么长。

也许，弱者，只是一种表象，是我们认识上的局限。偶然的一个机会知道，原来童话一样梦幻的萤火虫也是食肉动物，其吃法也像蜘蛛和蝽，你若真的看到萤火虫捕食的现场，也许会毛骨悚然。那么，我们不了解的“弱小”的昆虫，还有多少呢？昆虫学家大概也不能给出一个明确的答案。

昆虫的世界，不知道比我们人类的世界广阔多少，丰富多少。我们都有了射电天文望远镜、电子显微镜了，但对无边无际的世界来说，这些依然只是微不足道的认知工具。

在拍一朵牵牛花的时候，发现旁边灌木上有一片叶子无风而动，甚感蹊跷，走近仔细瞧，原来有一只螽斯在“做操”。吃饱喝足了，没事，它也锻炼身体吗？大概，是感觉这样晃动就更像叶子被风吹拂的样子；又或许，就是想嘚瑟一下自己的拟态太完美，没人发现，有些寂寞。

想拍，太杂乱了，便想把它挪个地方，放到一根光秃的芝麻秆上。螽斯类的昆虫不像蜻蜓，不擅长飞行。我轻易就捏住了它的后背，哪知它马上口吐“鲜血”，我一惊，差点儿松手，最后还是把它移走了。螽斯可能是感觉安全了，没几秒钟，它又把那口“鲜血”吃进去了。好演员，可竞争奥斯卡最佳演员——我在心里暗暗赞叹。

它的所作所为，真像前几天新闻里播的监控拍摄到的一个人在“碰瓷儿”。那人在大街上，一辆车即将缓慢开过的时候，他突然倒在车尾的地上，司机慌忙下车查看，见那人身子动了动，嘴里流出鲜血，真以为自己酿成了大祸，不知所措。后来在别人的提醒下报了警，警察来了之后，发现竟然认识这人，原来他就是以此为职业，专业碰瓷儿，嘴里有胶囊，咬破就会吐出鲜红的液体。

很久以前我也遇到过类似的事。那次是一只蝗虫，捉它的时候，它也同样口吐“鲜血”。这应该是它们的保护措施，吓唬人倒不是主要目的，很有可能，是为了吓唬它的天敌。不光是颜色刺激，很可能还含有让天敌恶心的某种化学元素，难闻难吃。真正的生物学家可能会闻闻尝尝，进行研究，可我不敢。像托马斯那样的昆虫专家可能就要采一点儿，放入专门的玻璃瓶中，盖严，回实验室化验了。而我，只能猜猜而已。

要真这样的话，小虫的“碰瓷儿”与人可就大不相同了。虫子是真的感觉受到了威胁，为了保护自己而已。人的碰瓷儿却是为了欺诈，花样不断翻新，我也遇到过。几十年前，出差到外地，我急着下车办事，那人突然把脚伸过来让我踩，我躲闪不及，踩上了他的鞋子，赶忙道歉。他一副痛不欲生的样子，要我带他去医院检查。我明明知道他是在碰瓷儿，但没有办法。后来报了警，警察来了之后问明情况，也只是调解。我一气之下，不再争辩，赔了他一点钱，自认倒霉，去

办事了。

螽斯没那么多诡计。给它留了两张影，我就离开了那儿。它能爬能跳也能飞，能耐不小，它不靠碰瓷儿活着，它是吃素的，青草绿树到处都是，我不用担心它的生计。

它没有碰瓷儿，是我打扰了它，有些抱歉。

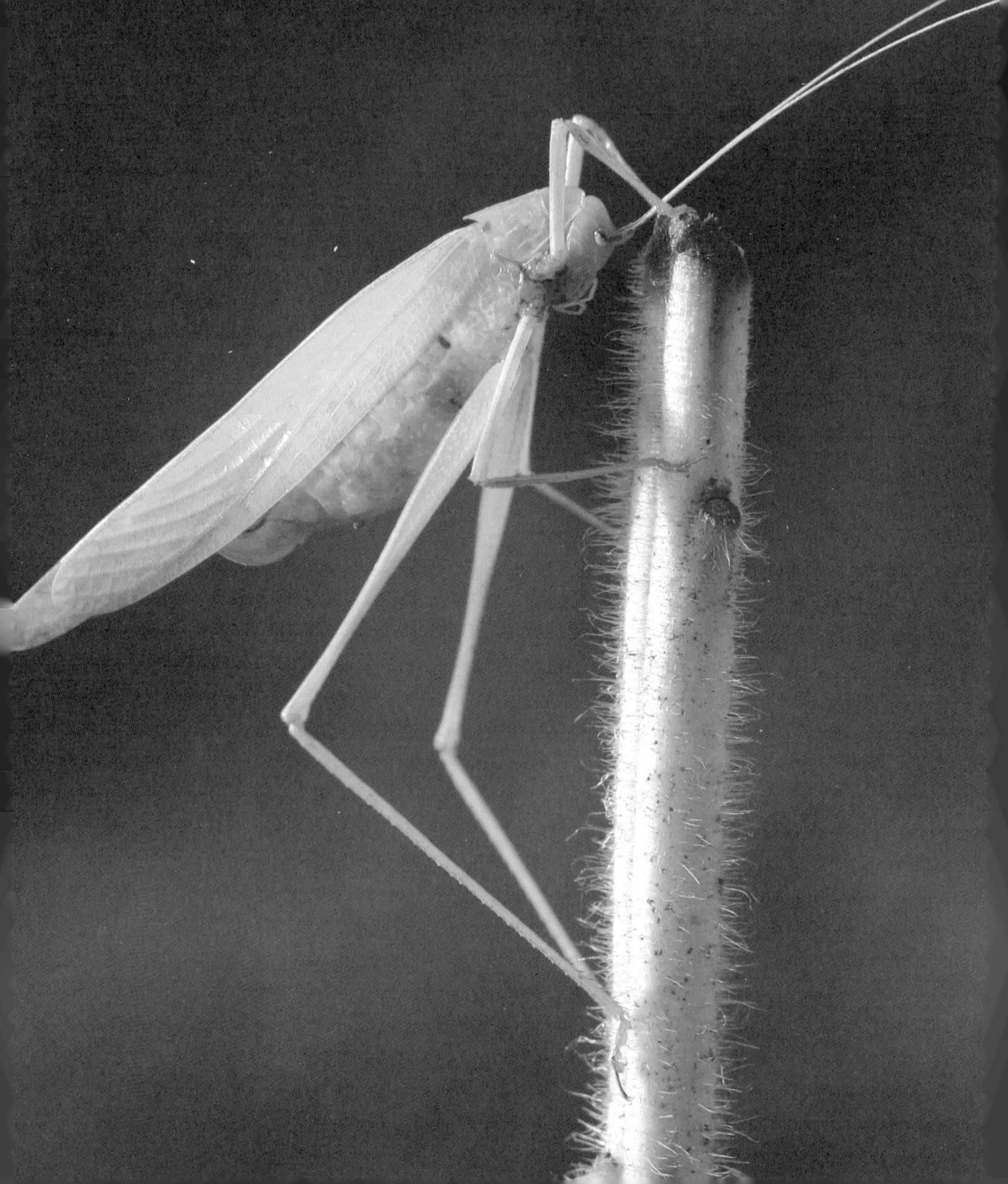

美眉

大多数蛾子在夜晚活动，相比于蝴蝶，它们不常见，有些神秘。而我们见到的，又多是“扑棱蛾子”：肉墩墩的，灰不溜秋，趴在一个地方一动不动，你一摸，它扑棱一下子飞走了，只在你指肚上留下一些粉末。所以没多少人在意它们。

我也是偶然翻词典，看到“蛾眉”的注释是“蚕蛾的须细而弯，借指美人细而弯的眉毛”，不大明白，便较起真来。恰好有同事的孩

子养的蚕刚刚破茧羽化，便真的去观察拍照，放大后让我吃惊不小，原来看起来蠢笨的蚕蛾，它黑乎乎的触角竟然弯曲如弧，且细密精致，如两把精美的梳子。就想到了以前网上称女孩子为“美眉”，本是谐音的戏称，现在我发现竟然很有道理。

这是一个发现，一个美好的开端，也是自然对我的提醒：再寻常的生命也不能轻慢，它们都各美其美，只是有些，你没有看见而已。于是再到了野外，我更加小心谨慎甚至恭敬谦卑了。

那黑乎乎的，是一只蛾子吗？翅膀宽大，和身子不成比例，是重阳木斑蛾吗？它细如天牛的触角也是精致的“蛾眉”吗？走近仔细观察，用心对焦，果然，又是一只爱美的蛾子，虽然远看其貌不扬。

一场小雨过后，到处湿漉漉的，叶子被洗过，干净鲜亮，空气也清新，我最喜欢这样的早晨了。一般这个时候，昆虫也安静。那片叶子后面，有两根黑色的细线，像老电视的天线。我悄悄看过去，又看到了它脏兮兮的脑袋，好像是刚从泥水中爬出。再看翅膀，原来是常见的鹿蛾，只是翅膀残破不全，暗淡肮脏，不知此前发生了什么。可是，那两个触角，也就是蛾眉，像被塑料封膜保护着，此时刚刚撕去包装，新鲜干净，像才梳洗过，并进行了精心地描画。我拍过很多次鹿蛾，却从没有注意过它的蛾眉，那么

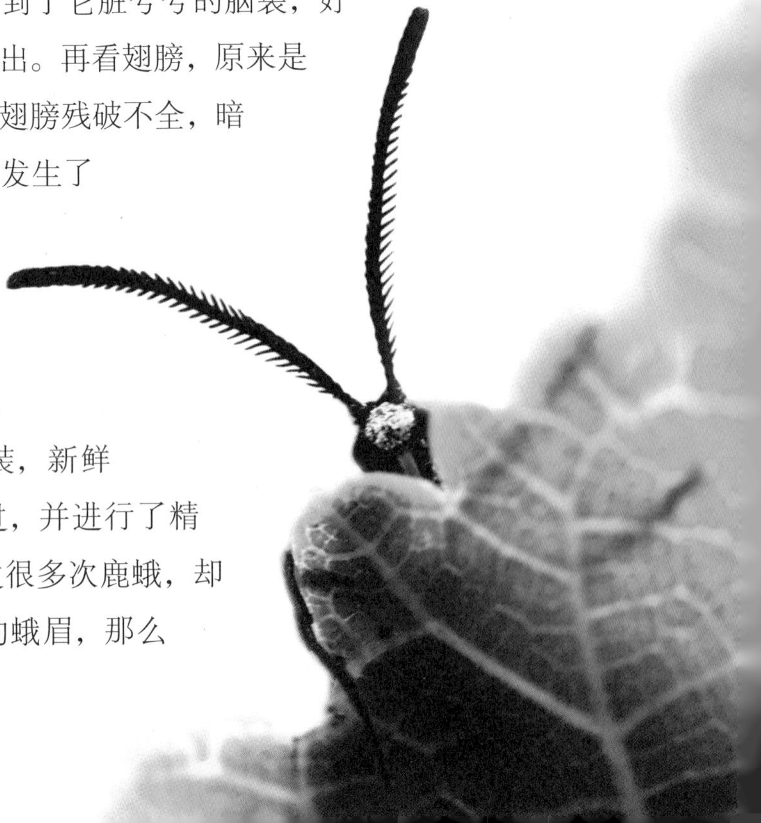

细，以为只是两根细线。眼前的这只，难道是新品种吗？看来过去粗心大意的我错过的精彩实在太多了！

天凉之后，昆虫越来越少，有时甚至转悠一两个小时，也一无所获。但我心有不甘，不会轻易回家，像在和谁较劲。总有一些不怕冷的吧，甚至可能还有怕不冷的昆虫。正搜寻着，发现树下动了一下，像一片枯叶被微风掀起，然后又静止不动了。走近看，是一只蛾子。它也有蛾眉吗？我用一片树叶将它托起，到明亮一些的地方细看，岂止是有，简直精妙绝伦。而且，它的蛾眉和蚕蛾的细而弯不同，有点向上翘。这么与众不同，哪位美女才配拥有呢？该不会是“一双丹凤三角眼，两弯柳叶吊梢眉”的王熙凤吧？

我后来又观察过蛾子的翅膀，其实也精致，甚至可以说是繁复。你细看过蜻蜓的腿吗？蝴蝶的触角呢？苍蝇也抹口红？蚊子的头上戴花儿吗？蜗牛有几只眼……

自然界中到处都是美景：从江河湖海，到深山老林；从庞大的鲸鱼，到小巧的昆虫……它们都有美到极致的地方。

它们望穿秋水，只盼望着一双能发现美的眼睛来欣赏这亿万年演化的奇观。

女侠

提起蚊子，说它让人“恨之入骨”一点也不为过。

春末至晚秋，时不时就会在屋里发现蚊子，怎么小心提防都难以避免。看它慢悠悠地飞，速度一点儿都不快，以为双掌一合，就能瓮中捉鳖，但事实上却很难拍到它，只能眼睁睁地看着它越飞越高，最后倒悬在天花板上，或者落到灯罩的后面，让你束手无策。不管了，睡吧。常常是你迷迷糊糊的时候，微型轰炸机一样的嗡嗡嗡声把你吵醒，你懒得起来，手一挥，它跑了，将要睡着的时候，它又回来了。索性起来，开灯，消灭它。可它又不见了踪影。往往结果是，你难抵睡意，一觉之后，发现蚊子已经悄悄给你发了几个“红包”。

暗夜之中，没有任何光亮，可蚊子总能找到你裸露的部分，抽你一点儿血。生物学家发现，原来蚊子竟然能顺着我们呼出的二氧化碳顺藤摸瓜。而且，蚊

子的刺吸式口器可不是像注射针头那么简单，有研究者用高倍放大镜发现，它的那根细针一样的嘴上遍布细密的利刺，便于它刺穿皮肤寻找毛细血管。更加神奇的是，它会在钻探血源的时候释放一些麻醉剂，以保障偷窃顺利进行；而在吸血之前，它还会分泌抗凝血剂，防止血小板发挥作用，把它的嘴堵死。

更不可思议的是，这些高科技的设备，蚊子早在三叠纪时期就装备好了，由于太过精良和超前，2 亿年来几乎没怎么进行演化。

研究发现，雄蚊吸食植物的汁液，雌蚊才会吸血。如此说来，用一根绣花针一般的暗器行刺的蚊子都是女侠。

它们也不是非要喝人血，不过是获取丰富的营养而已，为孕育后代储能。在常见的臭水缸里翻跟斗的小虫就是它们的孩子，学名孑孓。

当然传播疾病也非它们的本意，但这无意之举却给人类带来了巨大的困扰。为了对付它们，人类几乎使尽了浑身解数。早先是烟熏，这种方法太过原始，往往是蚊子没赶走，人已被呛得打喷嚏，咳嗽，流眼泪。后来有了“六六粉”[①]，但容易伤及无辜。现在的蚊香、电蚊香、驱蚊剂之类的，也都不是完美无缺的产品。灭蚊的手段越来越多，可是，蚊子并没有减少。

想想我们的科技吧，卫星上天已经超过半个世纪了，宇宙探测器离开地球 200 亿公里了……科技发展可谓日新月异，都让人眼花缭乱了，可是，依然没有战胜小小的蚊子。

再想想病菌、病毒，普通显微镜都看不见，更不要说我们的裸眼了。它们看起来是那么微不足道，有时却也让人们无能为力。人类殚精竭虑研制出了很多抗生素对付它们，可是，不但没把它们消灭，反而出现了超级细菌这样难以对付的对手。

我不敢幸灾乐祸，我也是人类的一员。但现实提醒我们，人类在自然面前依旧渺小。

---

① 即六氯环已烷，是一种气味刺激的杀虫剂。

飞行家

蜻蜓是常见的昆虫，沼泽地和水塘边是它们的天堂，但你不一定了解它们。

我总想拍到飞行中的蜻蜓，但至今只拍到两次，后来看资料才知道，它们的飞行装备异乎寻常地精良，飞行技术更是十分高超，想抓拍它们确实不容易。蜻蜓的翅膀薄而轻，但却非常结实，膜质的翅膀上布满了纵横交错的翅脉，我曾近距离拍过，那翅膀真是艺术佳品。有主脉有支脉，有粗有细，组成了不同的形状各异的多边形，左右两翅完美对称，堪称杰作。

看《动物与仿生学》又了解到，人类改进飞机就是从蜻蜓身上得到的启发。蜻蜓翅膀的前缘有角质加厚形成的翅痣，它是蜻蜓飞行的

消振器，能消除飞行时翅膀的震颤。生物学家曾做过实验，去掉微不足道的翅痣后，蜻蜓飞起来就像喝醉了酒一样摇摇摆摆，飘忽不定。在航空史上，机翼断裂的惨剧曾时常上演，虽不断加厚并挑选更加结实的材料，但灾难依然不可避免，后来飞机设计师根据蜻蜓的翅膀逐渐摸索出了解决的办法，在飞机的两翼各加一块平衡重锤，这才解决了机翼断裂的问题。

这是怎样的智慧才能进化得如此完美！我唯有赞叹和惊讶。

蜻蜓的飞行速度能达到每小时 50 公里，这个速度假如你开车的话没什么感觉，但如果你骑自行车就明白是个什么概念了。就我来讲，拼了老命也只能骑到时速每小时 42 公里，那时感觉风驰电掣两耳生风，但只能坚持十几秒而已，稍一松懈，速度就会降下来。

不仅如此，我坐在河边看它们飞行的时候，发现它们忽快忽慢，不仅能迅速改变方向，还可以直上直下，能悬停，还能后退着飞，真正是——随心所欲。但对蜻蜓来说，这太简单了，没这样的本事，如何能在飞行中捕捉小飞虫呢？

如果昆虫选美的话，蜻蜓虽不能夺冠，但肯定能进入决赛。衣服鲜艳，身材苗条，复眼视力好，飞行速度快，综合素质几乎完美无缺。如果让黑丽翅蜻代表参赛，肯定全场惊艳。

还有红蜻蜓、蓝蜻蜓呢，还有白腹小蟌、黄蜻呢，还有碧伟蜓、大团扇春蜓呢……这些美丽的精灵，你有多长时间没有在自然中见到它们了？

我小的时候，距离现在也不过四十多年，夏天的黄昏或者是山雨欲来的时刻，每每蜻蜓乱飞，有时还会撞到身上。那时举着扫帚扑蜻蜓成了有比赛意味的游戏：看是你有智商，还是蜻蜓本领强。厉害的小朋友不大一会儿就能收获一把蜻蜓回家喂鸡。

现在呢，不少河流湖渠被污染了，蜻蜓已不敢把自己的孩子放到那里玩耍了。

今年夏天，我在浙江四明山的小溪里看到一只产卵的大蜻蜓，欣赏了很长时间，直到它完成这一终身大事。我目送它飞过一片灌木，消失在山上的竹海里。

单刀侠客

螳螂绝对是昆虫里非常独特的存在，你想想它那两把大刀和它身体的比例吧，要跟传说中的关羽和青龙偃月刀媲美了。我曾仔细搜寻过，没有找到能和肩扛大刀的螳螂一般凶猛的虫了。蝶角蛉的幼虫和它有些接近，但体量太小，用放大镜才能看出它的威猛。

现在螳螂也少了，不知为什么。蚂蚱和剑角蝗最多，到处都是。也许这个数量结构，就像非洲大草原上的狮子和角马、猎豹和羚羊的比例。又或许是螳螂演化得更有智慧了，它们知道躲在哪里能逃过人类的眼睛，不捕食的时候，到树梢，到叶子下躲藏起来。它们不少，只是我没有发现而已。

我相信螳螂的本事，不可能轻易消失。那片叶子下的小螳螂不就在守株待兔吗？它知道以静制动的道理，因此选中一个地方之后，一般不随意移动，而是蜷曲大刀，做出准备随时出击的姿态。它还没生出翅膀，年龄尚幼，但昆虫可不是哺乳动物，大多数昆虫并不会喂养后代。想啃老？就死了那份儿心吧，都是惯出来的毛病！它们一出生，一切都交给了自然。我被这小螳螂的姿态逗笑了，就轻轻伸过手背，让它上来玩一会儿。

真不负我的厚望，它给我打了一套正宗的螳螂拳。这么精彩的演出，我免费观看，欣喜不已。

长出翅膀的大螳螂也不怎么爱飞，它大概以为自己是王者。动作慢吞吞的，甚至有些慵懒，像狮子睡醒后的神态。但狮子也有慌张的时候，例如庞然大物大象走来了，近视的独角犀牛冲过来了。螳螂除非感觉危险逼近了，才会腾空而起，使用一下翅膀，但飞不远，它肚子太大，赘着。

今天在麦冬的花儿上发现了一只螳螂，它一动不动，看样子像已经吃饱，不是张牙舞爪的状态。我走近了，它才微微蜷曲了大刀，有一点儿戒备。我估计它近视，根本看不清我，我晃动，它可能感觉是一棵树被风摇晃。

对焦的时候，我才发现它只有一把大刀。莫非是在哪次激烈的战斗中宝贵的武器受损了？双刀和单刀的武功套路可不一样啊。

但看它好像没什么担忧。它那把大刀折叠，锋利的尖刺像鳄鱼的牙齿交错咬合，可以想见捕获猎物时的凶狠。大概是看我对它没有威

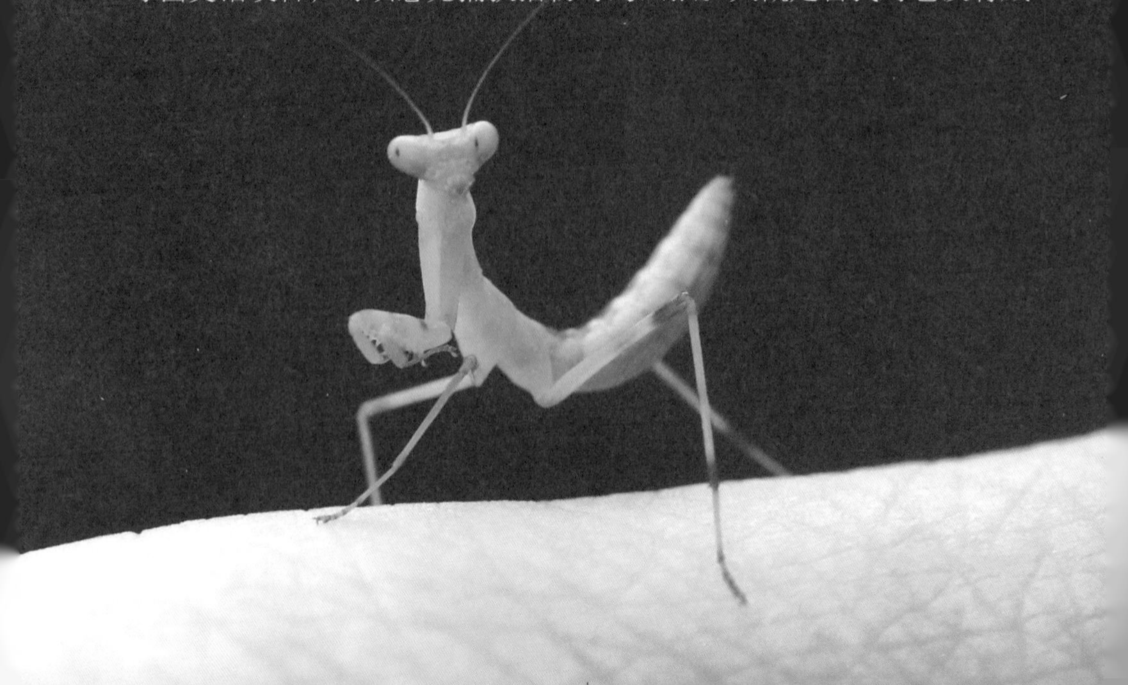

胁，它竟然把大刀高高举起，像给我看，像打招呼。也许是炫耀："别看我只剩一把刀，照样是无敌杀手。"

螳螂的脑袋三角形，眼睛占了很大比例。嘴巴那么小巧，甚至有些秀气，与杀手的形象不大吻合，例如狮子、老虎有血盆大口，老鹰、秃鹫有带弯钩的尖锐锋利的喙。

螳螂的触角也太细了，不似蚂蚱，更不似天牛，与天蚕蛾的差距更大，不知为什么这么安排。也许细了更加灵敏，也许捕食全凭感觉。有大刀呢，猎物来了，砍就是了，触角只是起一个辅助作用。

只有一把大刀大概不会对它的生活构成致命的危害，一把大刀就足以轻而易举地捕猎，够用了。看身量，它很壮硕。还有可能，它已经练出了新的招数，是武林奇才，就像独臂的武松和很多武侠小说中的独臂侠客。

服装设计师

我已经很多次看到她了，但依然不知道她的名字。她不说，我也无从问。憋在心里，有些难受。

我猜她是女性，是因为她的衣服，长衣由两部分组成，上衣闪着蓝绿的金属光泽，下身是华丽的裙子：橘红的底子，上面印着蓝灰的花儿，还有两条飘带。飘带和她的六条腿一样，一段一段的，每段有着不同的颜色。

但不久我又否定了自己的看法，这样的猜测太主观。狭窄的视野和不多的知识早告诉我，永远不要用人的思维去判断昆虫的世界，那样多会出现误判，甚至会颜面扫尽。昆虫的世界太大了，太五彩斑斓了，太创意迭出了。

老老实实的，还是用“它”来指代吧。

看造型它像蛾子。触角也像，但上半身不像，上衣像甲壳，外骨骼，呈金属的烤蓝色。但也许是假象，那只是鳞片，能反射金属的光泽而已。

网上搜，未果，只找到了它的姐妹或兄弟，还不知道名字。

我又想起了辛波斯卡的那句诗：万物静默如谜。

后来，拍到了它们交尾的场景。两只，一模一样。那么，可以肯定，它们在穿戴上不分男女，一律是漂亮的花裙子。人的社会属性还是太多了，它们则无拘无束随心所欲。我也看清了，前面我猜想的“飘带”，只是它后腿的两个分叉而已。腿竟然能分叉。(后来云南一位喜欢昆虫摄影的朋友告诉我，它们叫银点雕蛾，漂亮精致又数量稀少，已被列入“中国珍稀昆虫”名录。)

看看有些时装发布会，那么丑陋的剪裁、拼接和缝制，还有人把一大堆好词堆砌给设计师和模特，我常常暗自发笑。把一整块布裁成一条一条的就时尚了？好好的衣服挖出几个洞就前卫了？把几十年前流行的再改动一下推出就是复古风吗？别再闭门造车了，别再妄自尊大了，如果虚心向昆虫学习，哪怕只是模仿一二，大概也能成为超一流的服装设计大师了。

去看看草蛉的长裙吧，半透明，若隐若现，翅脉精致，淡淡的绿色，典雅大方。

去看看斑衣蜡蝉的大衣吧，颜色灰中透粉，上面是简单的斑点，下面是君子兰叶脉一样的细密条纹，衣服的边缘由直线到圆弧，过渡得多么自然顺畅。

还有那只螽斯，放弃了所有的颜色搭配，浑身草绿，身子翅膀就

不说了，就连脑袋、口器、眼睛、触角、六条腿，都设计成了草绿。但你细看，一点也不单调，不易察觉的深浅变化，低调地显示出高档的品位。这才是真正的“内敛而有内涵”“简约而不简单”呢。

去草丛中看看吧，去荒野中瞧瞧吧！看看孔雀，看看雉鸡，看一下什么是真正的豹纹，什么是真正的皮草……

也放下身段，看一看微不足道的小虫子吧，相信你一定会收获颇丰，满载而归。

雕虫小技

仲春的湿地公园，已经过了桃红柳绿的时候，晚樱开了，芦苇长出了几片叶子，我甚至看见小荷露出了尖角，睡莲缺口的叶子，有几片平铺在了水面。可是，要拍虫子，依然很难。

不是没有，是不怕冷的虫子都不上相。苍蝇出来了，跟着蜜蜂也在花丛中混，蜜蜂不多，它们倒不少。灰突突的蜗牛可能因为有房子的缘故，也在草秆上爬。蚜虫像半透明的碧玉，赤裸裸的，竟然也呼啦啦地出来了，聚集在花草最嫩的尖端。还有一种小蝽，太暗淡了，小小的，长条形，就像干枯的草籽，在蓬草的花儿上玩耍。

也有一些，我没看到，但它们来过，而且，是不急不躁技艺高超的雕刻家。

那片紫叶李的叶子上，有一个正圆的洞，标准得像用圆规画过然后又用什么工具挖出来的。根据

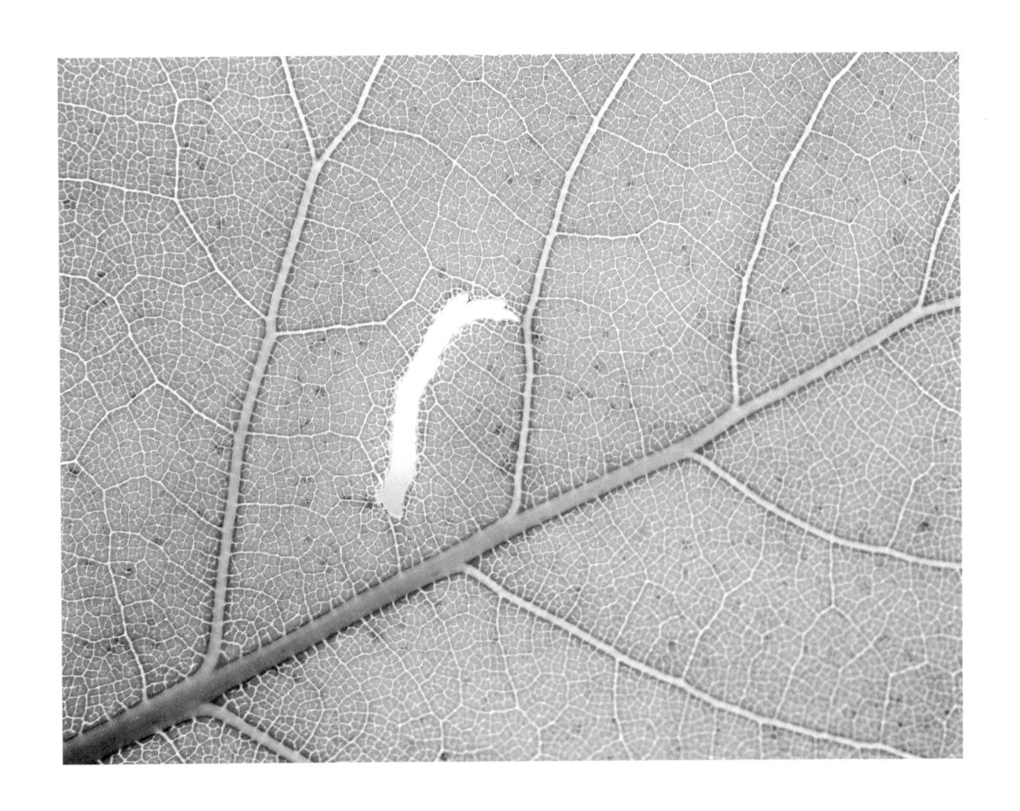

我的经验，我猜，是在叶子很嫩的时候，甚至还是幼芽的时候，被一只小虫咬了一口，它的上下颚如两个半圆形的切刀。我曾经看见一片芭蕉叶上有一串圆洞，等距离排列着，大小一样，我猜是在叶子还卷着的时候，一只虫子横着从叶子中心吃着穿过。

有几片叶子，只剩下叶脉了。这只虫子的嘴太挑剔了，也许太柔软了，在它的口感下，叶脉太硬了，它便剩下了。或者是叶脉不合自己的口味，不吃。这只虫子肯定很小，当然嘴更小，一点一点吃，慢慢吃，比我们吃鱼挑鱼刺还仔细。

这个季节的杨树叶子很漂亮，大的主叶脉有粉红的颜色，像一条大河，小一点的叶脉是支流，还有更细小的叶脉像小溪，就这样弯弯曲曲又严谨有序地把叶子分成一个个小块儿。叶脉里有维管束，里面真的流淌着实实在在的水。奇特的是，我发现一片叶子上有一条镂空，像一条虫子。这是虫子吃的吗？它按照自己身体的形状，慢慢吃，边吃边比试，多的地方再啃掉一些，直到和自己的身体完全吻合。

真的是这样吗？反正虫子闲着也没事，它们很有可能厌烦了胡乱地吃喝，在慢节奏的生活里，真正用心享受着美味。

后来我又在紫薇的树干上看到了大面积的艺术图案。树干上有一层绿膜，但细看，上面是很精致的图案，像艺术设计。是谁干的呢？也只有虫子。有一只虫子，从上吃到下，弯到左又转到右，转到右又弯到左，留下的痕迹像宏伟的盘山公路一样，不知花费了多少时间。

它们过着人类想要而不得的慢生活。它们可能都没有意识到，自己一不注意就成雕刻家了。

古人提起虫子，总有些不屑。例如“夏虫不可语冰”，例如“雕虫小技”。也不怨他们，是现代科技才证明了虫子的神奇，它们之中不乏化学家、数学家和音乐家，它们的力量、智慧乃至艺术品位，都令我肃然起敬。

它们虽小，但不可小瞧。

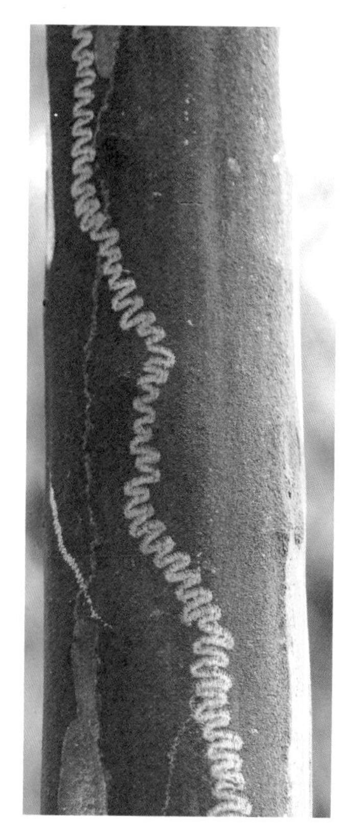

维管束

维管束是指维管植物（包括蕨类植物、裸子植物和被子植物）的维管组织，由木质部和韧皮部成束状排列形成的结构。维管束多存在于茎（草本植物和木本植物幼体）、叶（叶中的维管束又称为叶脉）等器官中。维管束相互连接构成维管系统，主要作用是为植物体输导水分、无机盐和有机养料等，也有支持植物体的作用。

会飞的花朵

从春到秋，蝴蝶穿着漂亮的衣服一直在花丛中翩翩飞翔。它们的翅膀宽大，扇动起来频率不高，显得悠闲，像在散步，像随风而舞。相比较而言，蜜蜂，给人以辛苦的感觉，翅膀扇得嗡嗡响，很累。

我对蝴蝶的种类知之甚少，甚至可以说是一无所知。但是，每一种，我看到后，都想按下快门。它们颜色鲜艳，又是在同样鲜艳的花丛中往来，相映成趣，叫我如何不喜欢。

但要拍好蝴蝶也并不是一件容易的事。它们不相信人。不怨它们，人发明的农药危害它们，更有一些人热衷于用它们制作标本，有人还以此为生。它们万万没想到，自己的美丽招致了灾难。在云南的苍山脚下，我就看到了专门出售蝴蝶标本的商店。

我见到过一种凤蝶，翅缘有红色的斑点，尾突形似飘带，比花朵都漂亮，但它几乎总在不停地飞，很难拍到。

也有比较容易拍到的。今年夏初，灰白色的菜粉蝶几乎成灾了。那些日子，就连马路边的植物隔离带中也有上百只在上下翻飞。多了，它们就不怕人了，颇有“人多势众”的意思。它们吸食那有烟草味儿的小花儿中的蜜，简直是不要命地投入。有几次，我随意就能捏住它们的翅膀，我松手，它们接着飞，接着采蜜，只在我的两个指肚上留下一些粉末。不过太多了，也就让人不珍惜了，灰，白，还有一两个黑点，实在是没有什么姿色可言。

但到深秋难觅虫影的时候，再见便分外欣喜。早晨湿漉漉的草丛中，我远远看到一只菜粉蝶，有些激动，好像旧友重逢，它是不是春天的那只，没有忘记我曾给它留下玉照。走近看，它浑身布满了细密的露珠，逆着光，翅膀有淡淡的蓝色，无比素雅。它成了这一大片枯草中唯一开放的花朵。

走到旁边小菜园子的时候，发现被遗弃的马兰头竟然也开花儿了。马兰头是春天的菜，人们基本上是吃芽，用来包饺子做馄饨，味道清新鲜美，过了那个季节，老了，就没人吃了。地头遗弃的这一小片，

迎来了自己无比自由的生长时光，到晚秋，竟然如菊花，开出了美丽而精致的花朵，蓝色的，带着露水，开得安安静静。这本是野外难得的风景，意外的是又飞来一只豹纹蛱蝶，它一朵一朵寻找着不多的蜜源。花儿小，蝴蝶大，它落上去，花儿就会倒下。它飞起，花儿又恢复原状。它们像彼此熟悉的小朋友，在可人的秋光里做着好玩儿的游戏，远看，分不出哪是花，哪是蝶。

其他的蝴蝶去哪了？为什么它没有寻找避寒的藏身之处呢？

细细寻找，我又发现了一只小灰蝶，它十分小巧，衣裙上有朴素而繁复的花纹，还点缀了一些洒脱的黑点，裙摆染上了砖红色，还装饰了流苏。过了一会儿，它飞到了紫色的扁豆花儿上，认真地进餐，它的吸管插到花朵的深处，很长时间一动不动，像一个饥饿的婴儿在吃奶。太阳已经升过了树梢，天气晴好，天空瓦蓝。

蝴蝶像会飞的花儿，也像上天的使者来给凡间的花朵送信。它落到花上，慢慢打开那四页信笺，满是密码，花朵不懂，蝴蝶遗憾地飞走了。

明年见了。

一帘幽梦

雾不稀奇，蛛网更是寻常，但雾水悄悄在蛛丝上串成一挂一挂项链，就不可思议了。

其实说起来，它们也不算罕见。但每一次见到，我都抑制不住内心的激动，每一次我都看作是上天对我的眷顾，是见证奇迹的时刻。

雾气也会凝聚到别的物体上，比如树叶，上面会有一层露珠，或者在边缘上凝结数滴，或者只聚集到尖端形成一滴，随心所欲，并不奇特。

但凝结到蛛网上的雾气神奇到我不知如何来描述了，这一挂珠帘，像梦幻一样。

大小一致，等距离排列的露珠，静静地悬挂在那里，我屏住呼吸，生怕一不小心让它们跌落凡尘。这景象太美了，美得不像人间的物件。

有的蜘蛛，忘了隐身到温暖的树叶后面，还待在蛛网的中间，它身上也挂满了钻戒，奢华无比，它的四周都是项链，像是天上的珠宝商来人间贩卖。

为什么一根棉线，一段尼龙丝，一条蚕丝，一截铁丝并不能挂上这样的露珠呢？还有，即使蛛丝是竖直的，为何竟然也能均匀地挂上露珠，而其他丝线都做不到这一点？大概就是蜘蛛在吐丝的时候施加了神奇的魔法吧！

有一次，我偶然拍到了蜘蛛吐丝的瞬间。原来，蜘蛛的纺器有好几个，它造出的丝线不是一根，是一束。我猜想，它可能是把很多细丝拧成一股绳，这样就结实了。据科学家实验测定，蛛丝的强度比钢材还大，弹性比尼龙丝还好。还有可能，一束蛛丝中，有的是负责强度的，有的是增加弹性的，有的是负责黏度的。或者，它一边吐丝，一边用另一种设备在其上均匀地布置上黏液，一滴一滴的，像精密的仪器，丝毫不差。露珠就挂在那一滴一滴的黏液上。

瞎猜而已。自然中有太多的秘密，它偶尔给些暗示，但从不公布答案，能不能领会，就看我们慧根的深浅了。这样也好，一览无余的世界也就失去了让人探索的魅力。未知的世界广阔无边，人类也会谦逊很多，省得为所欲为。

颇为遗憾的是，很多人没看到过蛛

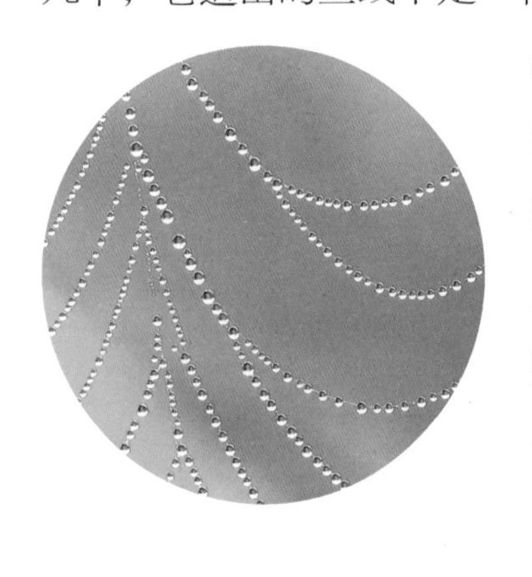

神奇的蛛丝

蛛丝是从蜘蛛的纺器中出来的，纺器通常位于蜘蛛的后腹部，大多数蜘蛛有 3 对，少数有 2 对。有研究发现，蛛丝的强度比同等直径的钢丝的强度要大很多，延展性也非常好。蛛丝是材料学的研究课题之一，具有产业上的潜在应用价值。

网上的露珠。可能是起晚了，露水已经蒸发；可能是远远地看了一眼，只觉得比平时的蛛网白了一些而已，眼睛就又转向了别处的景物。

有一天，蹲在挂满珍珠的蛛网前，我竟然有了一丝诗情：

见到了露珠挂满 / 蛛网 / 不由得又 / 胡乱猜想 / 他定是沙场大将 / 力大无穷 / 神技高强 / 他定是马上帝王 / 南征北战 / 运筹帷幄 / 可眼前的这挂珠帘 / 又让我重新想象 / 可能 / 是穿针引线的 / 苏州绣娘

我很少写诗，都是这几挂带珍珠的蛛网催的。虽然有点儿像蜘蛛编网，但缺乏几何之美，不够精致，只是大致传递出我对自然中这些小生灵的一丝敬佩而已。

蛛网上的露珠，难以方物，勉强说来，如一帘幽梦。

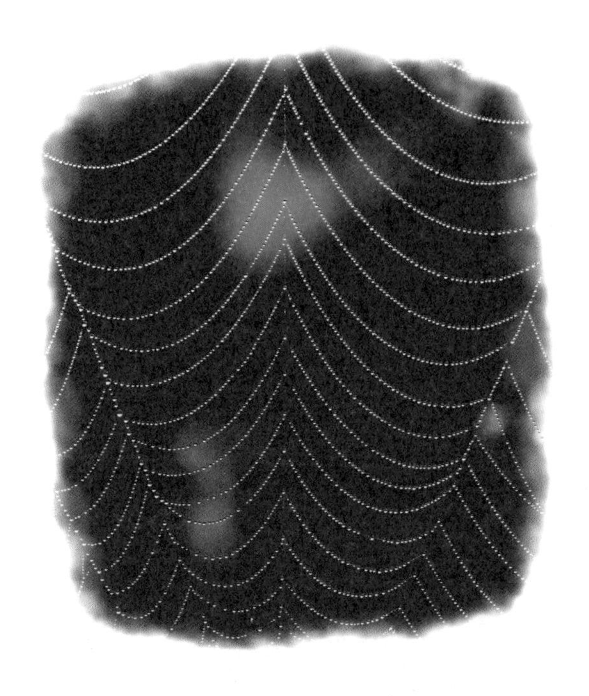

寻找黑斑园蛛

黑斑园蛛结网捕食，但它并不和其他蜘蛛一样待在网子的中心，它会在和蛛网相连的一片叶子上，再织一层细密得像纱布一样的网，叶子被蛛丝拉得微微弯曲，它就隐藏在密网和叶片之间的空隙，等着蛛丝传来猎物的信号，再伺机出动。它活得谨小慎微，也可以说，它有着非凡的生存智慧。发现并拍到它，不是一件容易的事。

第一次发现黑斑园蛛是在一片老虎

刺的叶子上。我是对叶子上的那块白色的蛛丝样的东西好奇，才弯下腰向里面探看的。看到几条腿，绿色的，不常见，估计是比较奇特的蜘蛛，便想逗它出来看看。它缓缓爬出的那一刻，我心中有一丝的恐慌，它背上繁复而奇异的花纹，让我第一次这么深切地感知自然的神奇。我当时并不知道黑斑园蛛这个学名，叫它“京剧脸谱蜘蛛”。

后来很长一段时间，我再也没有和它相遇，以为它是像大熊猫一样稀有的小生灵。直到今年深秋。

依然非常偶然。一只蚂蚱跳到了蛛网上，黑斑园蛛迅速出动。我因为惊喜而动作鲁莽，以致让黑斑园蛛没来得及捆绑蚂蚱，而是惊慌失措直接落入草丛，不见了踪影。匆匆一面，来不及按下快门它就又

消失了，让我无比失望和懊恼。

但我知道，蜘蛛走不远的，它会顺着自己的蛛丝爬回到原来的家中。拍了一会儿别的，就又回来看，可依然不见它的踪迹。

我不死心。第二天抽空又去寻找，而且我扩大了范围。这次有意外收获，我在一棵树上，找到大小不等的五只黑斑园蛛，这里像是它们的隐秘王国，不知在此养儿育女有多少年月。

我一一请它们出来和我玩耍，我给它们留影。它们还算老实，爬

爬停停的，这次给我留下了足够按快门的时间。它们没有镜子，大概都不知道自己的模样。也许它们曾经互相打量，从对方身上大致猜想出自己的样貌，但更多的时间，它们的眼睛会聚焦到猎物身上，自然界看似草绿花红欣欣向荣，但解决一日三餐永远是每天必须亲自完成的重要任务。这五只大小不一，差异很大，我不知道是长幼有别，还是品种不同。我关注的是它们背上的奇异的图案，这大概是蜘蛛中花纹最繁复的品种了，你要是没见过，绝对想象不出自然界中，还会有这样的小生命和我们一同分享着阳光和蓝天。我永远猜不透它们的意图，只能笼统地说生命太丰富了，而演化的路程又那么漫长，它们有太多闲暇的时光进行艺术创作。

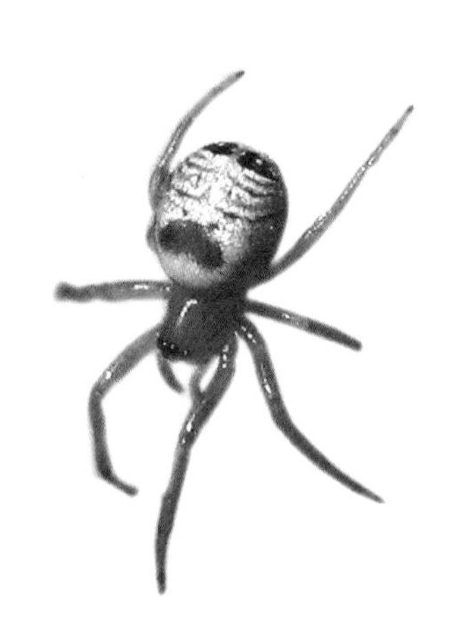

最小的那只最为奇特，我回来给朋友们看拍的照片，开始大家都看不清我拍的是什么，当放大看真切的时候，有人脱口而出：“鲁迅！”

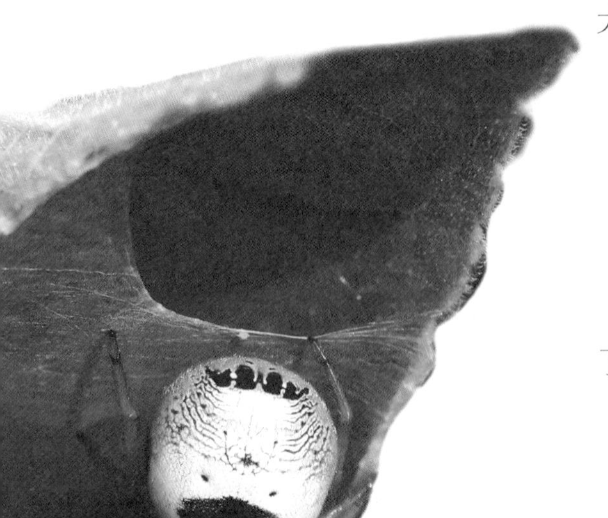

大家一愣，继而大笑：

“像！真的太像了！”

“你看那寸头！”

“你看那一字胡！”

“还有那深沉的表情呢！”

“这个世界，真是太神奇了！不可思议。”

以静制动

虫子行动迟缓，几双短小的肉足交替挪动，就算是遭遇到紧急情况，开足马力，又能快到哪儿去呢？它们大概明白自己的这一弱点，身上又没铠甲防护，所以在长期的生存演化中，都明白了一个道理：有时，快不如慢，动不如静。

秋天的黄豆叶子上，好像是豆虫的天堂，每年秋天我去田里拍照，轻易就能发现它们的身影。我有经验按图索骥，在田边就行：看叶子

有没有被啃食的痕迹，看地上有没有虫子的粪便。那次，我发现了豆虫，豆虫大概也发现了我，它缓缓地摆出了经典的造型，就像一片小叶子，或者说像一个豆荚。我拍的同时，几只蚂蚁也爬上来寻觅，估计是找吃的。它们也把豆虫当成了叶子，在豆虫身上走走停停，四处寻找。我以为豆虫会酥痒难耐，或者是感觉大难临头，做出反应。要知道，蚂蚁要是发出信号招来同伴，蚁群完全可以肢解这只肥硕的豆虫，蚂蚁的战斗力能让好多昆虫闻风丧胆。但豆虫没动，一动不动。甚至一只蚂蚁已经发现疑点了，它在豆虫的嘴巴那停留了一会儿，嗅一嗅，咬一咬，豆虫还是纹丝不动。就这样，蚂蚁巡视一圈，没发现异常，走了。豆虫以静制动，骗过了蚂蚁。我也就不打扰豆虫了，也离开了那个地方。

螳螂大概和青蛙、蜘蛛之类的捕食者一样，只攻击移动的目标。它出刀速度极快，是著名的职业杀手。有一次我看到一只大螳螂在芋头宽大的叶子上伏击猎物，便想试试它的速度。我掐了一朵黄色的野花，连着一段茎，然后伸到螳螂的头前轻轻晃动，我都没看清是怎么

一回事，野花已经被它的大铡刀夹住了，真的是迅雷不及掩耳啊。

但它一会儿就知道了到手的这朵野花是素食，不是自己的菜，便扔掉了。

我看到它慢慢移动，大概是受到了我的干扰，想换个地方伏击。我跟着它的步伐往前看，却发现了一只大豆虫，就在螳螂的正前方，非常近。我以为螳螂会迅速出击，饱餐一顿。哪知，豆虫一动不动，螳螂没看见它，就从豆虫身上爬过去了。豆虫躲过了一劫。

池塘里有一截木桩，露出水面有一尺多高，成了夜鹭的落脚点。夏天的早晨，我常见有一只夜鹭蹲在那里守候，它脖子短粗，眼睛红色，头顶还有两根饰羽，就是它的顶戴花翎吧，我称它为“清朝大臣”。它真的是“守株待鱼”。还真等到了，大概是鱼游来游去，总有疏忽大意的，夜鹭看鱼到了自己的攻击范围，便果断出嘴，一击命中。好像是鲦鱼，这种鱼比较浮躁，常在浅水溜达，细长，容易入口，估计夜鹭很喜欢。

蟹蛛不结网，常常采用伏击战术，选准一个地方之后，就张开前面的四条大长腿等候。一次我看到，一只小甲虫，几乎和那片暗淡的叶子一个颜色，就在蟹蛛的腿边，那么近，但它一动不动，它躲过了蟹蛛的攻击。

其实，快如狮子、猎豹等大型食肉动物，它们也常常静静地等候，寻找出击的时间点。就速度而言，食肉动物不及食草动物，论耐力更不行。

自然界中，那些寻常的争斗甚至杀戮，表面上在比力气、爪子和牙齿，其实智慧更加重要，亘古不变。

昆虫里的长颈鹿

象鼻虫其实很常见，例如米象，家中的米里就常常会看到。它们以虫卵的方式潜藏在米中，时机一成熟就会孵化出来。看到有活物在爬了，我们才发现了它们。只是一般不叫它这个名字，北方有人叫它们“牛子”。确实挺形象，行动慢吞吞的，像老牛走路；头上的两根触角，也像牛犄角。那么小，也看不太清，又不是专业的研究人员，谁会拿出放大镜细细观察呢？

今天在山里拍到了棕长

有大象鼻子的
小虫——象鼻虫

象鼻虫的头上因有一个前伸的长管，形似大象的鼻子，故而得名。但这个长管并不是真的鼻子，而是用以嚼食的口器。象鼻虫家族庞大，全世界已知种类超过六万种。

颈卷叶象鼻虫，和米象同类，只是大多了。它的脖子比一般象鼻虫更长，嘴在前面，这样钻到洞里吃东西肯定方便。但也说不准，棕长颈卷叶象鼻虫是植食性昆虫，哪里用钻到洞里，长脖子，也许是打架用的，像锹甲的大颚一样。昆虫界，奇葩太多。在虫子面前，别太自以为是。记得一本书上说，蝴蝶就没有鼻子，它们靠脚来感知食物的味道，嘴是一根长长的吸管。

至于卷叶，我看到过视频资料，卷叶象鼻虫要产卵的时候，几只合作，把一片叶子卷起来，产好卵，再切断。一团叶子落到地上，干枯，然后混入其他落叶中，虫卵借此隐身，保障自己的安全。

这只棕长颈卷叶象鼻虫的姿势很好玩儿，前腿长，脖子长，又扬起，站着也像坐着。身子再瘦点儿，就更像长颈鹿了。

它比较安静，好拍。飞不远，隔几片叶子就又落下了。

仔细观察，它浑身发亮，革质，像涂了蜡。脖子那儿有细小的褶皱，估计是为了方便灵活地弯曲。背部有细小而整齐的凹凸，像装饰。身子的侧面，有一个金色的斑点，像家徽，大概是种类的标记。

很多昆虫都像是外星生物，启发了艺术家们大胆地创作，例如电影《蜘蛛侠》《蚁人》等；还有人类发明的直升机、甲壳虫汽车的设计等，也少不了对昆虫的借鉴。还好它们并不小气，没有申请专利，人类的科技才能有创意。

如果全体动物要举行一次运动会，昆虫必将是金牌第一的群体。举重冠军是蚂蚁吧？跳高冠军跳蚤当之无愧吧？短跑冠军虎甲可是当仁不让！……几乎任何一只小虫子，都是某一方面的运动健将。

要是举办武术大会更了不得了，昆虫的表现会更加出色。螳螂有祖传的螳螂拳；蜂类都是使用峨眉刺的高手；锹甲单靠蛮力就能战胜

对手；水黾不但会水上漂，还会凌波微步的轻功……还有很多昆虫会使生化武器，对手都不知道怎么回事，就已经被放倒了。

它们如果像人类那么大，就会轻而易举地称霸地球了。

但昆虫都很小，给人类留足了面子。

蜜虫的学名应该是蚜虫。但乡亲们都这么叫着，我也不曾追根究底。后来在电视上看到了蚂蚁放牧蚜虫的场景，再后来也真的在现实中拍到了这样的画面，才琢磨出来。蚂蚁自愿做蚜虫的保镖，以此来换取蚜虫的分泌物。说“分泌物”又书面化了，其实就是蚜虫的屎尿，

但却是甜的，明晃晃的，那么一滴。我看到，蚂蚁在蚜虫群中不停地转悠，发现分泌物之后，马上吃掉。又回想起，一群蚜虫占领的植物，总是有黏糊糊的一层胶状物，反着光。现在知道了，那是因为蚜虫的分泌物含糖，也一并明白了，蚜虫叫蜜虫的缘由。

农民以种菜种粮为生，对蜜虫简直恨之入骨。往往神不知鬼不觉中，蜜虫就像行动诡秘的千军万马，一下子占领了蔬菜或庄稼的花叶，而且它们专门找最嫩的尖端吸食。即使赶紧喷药，也不一定能挽回败局。一年不知要遭受它们几轮进攻。

其实细看蜜虫，其肉身娇嫩，真的是吹弹可破。不要说天敌吃它们了，就是太阳也可以把它们晒干，雨水也可以把它们浇死。这么娇嫩的小虫，如何过冬呢？它们可没有暖室可以抵抗霜雪和寒风。可是，第二年春天，它们又冒出来了。它们早就适应了四季轮回，能对付天敌的袭击，对付气候的冷暖，也能对付人类的农药。

前几天，我到野外拍照，昆虫太少了，还不上相。但看到野蔷薇和大蓟的嫩芽上有很多蜜虫，我用力晃动，它们纹丝不动，抓得很紧。用两个枝条抽打，才有一些落到了地上。而地上，有一层毯子一样的苔藓，小孢子也冒出了一层，趴下看，像一片郁郁葱葱的森林，几只蜜虫失去了刚才的环境，在上面爬来爬去。

逆光之下，它们的身体更加通透，碧玉一样。

在另一株植物上，挤挤挨挨地布满了蜜虫。大小差距很大，有的还长了翅膀。这可能是几世同堂，我拍到一只正在分娩的蜜虫。那些母亲身形滚圆，想是肚中有多胞胎等候降世。有资料说有的蚜虫具有独特而复杂的生殖适应，这些适应表现为：在春季和夏季，为孤雌生殖和卵胎生；到了秋天，则开始进行有性生殖和卵生。而且，当蚜虫感觉一个地方已经不适应生存了，它们会长出翅膀，飞到另一个地方。

蚜虫虽小，但从这方面来说，应该算是伟大的生命吧。

我看到这些大蜜虫的尾部还有三根刺，不知是装饰、武器还是信号接收器。

蜜虫虽小，人类却很难斗过。还有更小的生物呢，例如细菌，无所不在。它们长驻在我们的体内和体外，有说法指出，细菌甚至会影响我们的口味、健康、相貌和情绪；你生病了，就是你的身体和细菌谈判破裂了。人，不单是人，还是“行走的菌群”。那么谁才是地球的主人呢？

对所有生命来说，活着就是硬道理。蜜虫，从亿万年前繁衍至今，而且子孙众多，就是成功的标志。

你要是轻视它们，一不小心，就暴露了自己的狂妄和无知。

天罗地网

那次看到棒络新妇的蛛网的时候，就有些吃惊。很少看见这样的安排，好几层蛛网不算，还要固定帐篷一样从东南西北拉很多斜线。这让人无法靠近，又是结在一堆杂乱干枯的树枝上，你可以设身处地想一想，脚下稍不注意，就会惊动这个猎手。它知道这个世界的复杂和凶险，进攻和防守，它都做好了准备。

今天看到的这个猎手所织的丝网，更加与众不同。

它的网子就织在道边，两株植物中间。站在道路上能平视它，下面是一条沟，我很难下去，就是下去我也无法靠近它；没有梯子之类的工具，我也不能从上面俯拍它。即使想水平拍它的侧面，镜头也不能靠近，它织的网太细太细，五六层，四面八方都是，真是天罗地网。这几层网还不尽相同，其中有一层不是常见的八卦形，而是渔网一样的结构。这应该是它的主网，是它最费心思的作品，整体造型像极了打开的伞，连边缘都像，因为要拉紧，以至成了波浪形。其细密精致，若非亲眼所见，实在难以想象，不知花了它多少功夫。

这是它的地盘，肯定是靠自己打拼占领的。我不能笑话它，很多时候我殚精竭虑，也不过为稻粱谋。我不想破坏这个耗时费力织成的蛛网，这可是一项浩大的工程啊。但又很想拍到这个奇特的蜘蛛，最后还是从侧面往中心深入。我这样小心的另一个原因，是怕它跑掉，那我会很遗憾，也许以后再也拍不到这样品种的蜘蛛了。

撕破了一些蛛网，还好，它没有跑掉，只是躲开了一些。它的背部鲜艳，图纹复杂，有两颗獠牙一样的图案。当我侧着拍它的时候，发现这两颗“獠牙”竟是立起来的两根刺一样的凸起。

真的是吓了我一大跳。

还有这样的蜘蛛，怎么演化出的，比傩戏里的面具还让人惊悚。只是很不好意思，我叫不出它准确的名字。

《常见蜘蛛的识别》一书的前言中写道，到2010年，地球上共发现了四万两千多种蜘蛛。这个数字又吓了我一大跳。大自然真是奇妙，不知造出了多少惊世骇俗的作品，不知道还有多少杰作就在我们身边而我们却浑然不知。也好吧，它们在时不时提醒我：别以为你熟悉了自然，你其实几乎一无所知。

十一假期去爬金山岭长城，这是我第一次登上真正的长城。晨光初现，群山肃穆，长城从我的脚下走到谷底，又爬上山巅，这样起起伏伏，绵延到天边，远处的山成了淡淡的微微有一点蓝色的波纹，像云也像雾，长城也隐去了身影。只有亲自登上长城，才能感受这堵伟大的城墙不是浪得虚名。从山上下去的时候，在山路边的树丛里又看到了不少棒络新妇，没想到它们在这里也这么“人丁兴旺”，要知道这山里冬天的温度可是零下二十几度啊。

还是那么复杂的网络。我拍的时候，发现远处的背景就是长城烽火台。感觉一只小小的蜘蛛有这样的本事完成这一浩大的工程，可以和修长城相媲美。

我曾仔细欣赏阅读过《自然界的艺术形态》这本书，这是德国著名生物学家恩斯特·海克尔所绘制的自然科学插画集，共收录了100幅插画，既有对原始微生物的刻画，也有对高等动植物的描绘，深入细致的描摹和讲述，让我对自然界中生物几何形态的美妙惊讶万分。

在我们看不见的，所忽略的地方，竟然有这么精彩的艺术杰作，任你天马行空，也想象不出。

再到自然中，我就更加仔细了，也许再慢一些，多审视一会儿，我也能发现自然界中隐藏的美，因为小，可能愈发美丽。过了些天，也略有收获。

那只小虫的样子像鼠妇，是绿色的，趴在柳叶上，二者浑然一体。它对这样的隐身充满自信，从昨晚放心地睡到日出，对我的到来浑然不知。我找了一根小草茎慢慢推它，它这才不情愿地醒来，顺势往上爬。逆光，半透明的身子，它浑身的刺儿一闪，我才发现了它的精致。

这些刺儿，可能是它的防身武器，也可能只是虚张声势。但，怎么是这样？颜色质地如翡翠，对称排列在身体两侧。这些刺儿的主体从身体到末端逐渐变细，其两侧又有更小的细刺儿生长，由粗到细，从长到短。这么整齐而对称，像精心计算过，像细心描画出，是艺术设计，是精密加工。

它是如此小，为什么却如此精致？像遵循着数学公式，像懂得美学原理。莫非，微小的生命更有高远的追求？

确实让人不得不佩服这些不起眼的小生命。更神奇的是，它们的孩子会分毫不差地复制它们的精彩并继续传承下去。

海克尔要是看见草丛中的这只小罐子，会不会画下来？这大概是某个蚕一样的小虫子，结出的茧。这是多么完美的椭圆形啊，这小虫子就像一个计算精准的数学家，并且极有耐心，要知道，几百米长的丝线才能绕出这只小罐子。我们常见的罐子是陶的或瓷的，而这个小罐子却是丝织品，什么才有资格被盛放进如此精致的丝织罐子呢？只有生命吧！最有趣的是，当安处其中的小虫子长出翅膀要飞时，它掀开盖子的做法。我想象，也许它有一片锋利的剃刀，握紧，没有半点偏差，平着，慢慢切，到闭合的时候抬起一些，保证盖子不掉。或者，它有锋利如刀的牙齿，做了这样完美的切割。又或者，它有化学腐蚀剂，只要整齐地涂抹一圈儿，就能完成这项任务。我看到的时候，只是一个空置的艺术品了，任我胡乱猜测。

不远处的一片草叶的尖端，一只小灰蝶正头朝下做着瑜伽，对我的到来不予理睬。我便对它看了个真切：灰色的翅膀上的那几个黑点真是洒脱，像大画家画完荷花后随意甩上几滴墨做浮萍点缀；而翅膀边缘却仔细地勾了墨线，有一部分还皴染上了橘红色，那两根尾突像是风筝的飘带；炫酷的白框墨镜真是时尚，触角黑白相间，一节一节地仔细排列，到尖端变粗，较长的一段黑色后，又以一个白点结束。

画下来吧，海克尔，请你画下来。除去画下来，我还能提什么要求？

神奇的一滴

其实不用等到深秋，也不用大雾弥漫，很多无风的早晨，草叶上常有露珠出现。这寻常的一滴，让一切变了模样。

那只小象甲，灰褐色，有一些若有若无的黑色斑点，鞘翅上整齐的凹凸像花纹，它像穿了一件棒针毛衣。灰头土脸的，真的是其貌不扬。这要落到土堆上，简直浑然一体。可是，这天早晨，它爬到草叶上的那滴露珠上停了下来，可能它感觉到了一些异样，再往前走，草叶就会失去平衡，向下弯折，露珠会因此摔落。我突然对它刮目相看：它也懂得珍惜美好吗?

不少人讨厌苍蝇，可苍蝇不为你活着，闯入你的厨房那只是小小的意外。野外，它们生机勃勃，到处都是，绿草中有，鲜花上有，腐臭的地方更多。一只苍蝇发现了露珠的神奇，一滴椭圆形的水就是一面凸透镜，里面映出了早晨清新安静的世界。露珠摇摇欲坠，苍蝇走得谨小慎微。高山大河在远处，一滴露珠照出了身边的美景。它大概也懂得欣赏和珍爱。

金龟子好像挨过了艰难的一夜。那么多露珠，头上有，胸前有，

肯定还有不少细小的露珠慢慢凝聚在它光滑的甲壳之上，然后流到尾部，形成一大滴晶莹的露珠。气温降低，行动不便，只能等着，等着早晨的太阳晒干自己浑身的露水，让日光给自己带来热量。

一只小蝽同样在寒夜失去了杀手的威风。它肯定不明白水从哪里来的，雾气虚无缥缈，无法抵挡，趁着夜色从天而降，这谁猜得出。我怀疑它几乎失去了知觉，但我也不敢去检验。背上的那一大颗，夜明珠一样，稍微一动，必滚落无疑。它像是养着露珠，露珠成了它奢华的饰品。这个品种的蝽到处都是，但它因一颗珠宝而出类拔萃。

不远处的小螽斯刚刚醒来，好像忘记了以前露珠对它的困扰，一大早就蹿来蹦去的。这就有些不自量力了，大颗的露珠比它的脑袋都大，它跳过来的时候因为惯性，差点翻一个跟头，它的头碰到了叶面上的露珠，露珠像胶

水一样粘了上去。此时小螽斯肯定感觉视力模糊呼吸困难，它前面的两条腿奋力撕扯，过了好一会儿才摆脱困境。一颗露珠，也能让它感觉这个世界险象环生，也多了一番不一样的生活体验。不过也许它早习以为常。

还是豆娘高级，有美学品位。看到一滴如钻的露珠，它用四条腿围了起来，像要占为己有，又像在玩儿太极球。它还抬起了前面的两条腿，像表达愉悦的心情，也像说：“这个高难度动作，对我来说，小菜一碟。”

当然，最神奇的是这些珍珠一样的露水挂满蛛网的时候。平静如镜的水，汹涌澎湃的水，在地下暗涌的水，在天上飘荡的水……水的形态多种多样，可我怎么也想象不出，水还能呈现出这样整齐精致到不可思议的样貌。是谁的手穿出了这些珍珠项链，是哪位仙子在细心呵护？每遇此景我都深感震撼，蹑手蹑脚小心翼翼，甚至屏住呼吸大气都不敢喘一口。

一滴水，让我对神秘的大自然，多了一份爱恋和敬意。

艺高人胆大

今年虫多，我是说我的单位里。没了专门的花工，它们有些肆意妄为，道路两侧的树木上，花圃里，都被它们占领了。有的几乎吃光了叶子，剩下的一两片，那是虫子故意留下的，另有用途——吐几根丝，拉紧，化蛹。但就这样了，好多人也没发现它们。每天落那么多灰黑的小颗粒，可能大家还以为是香樟的落花呢。可是这都中秋了，满树都是香樟果了，哪来的落花呢。都忙，都急，都懒得深究了。

还有凌霄架下的蛛丝马迹，也没人多想，这正合吾意。我顺着枝条慢慢寻找，发现被啃食的叶子，目光停留下来，再找。终于发现了，是豆虫，很大，身上有暗色的条纹和细小的斑点，整体看就像一片翻卷的凌霄叶子。

我架好相机，给它们留影。可能是时间长了些，又正在上班的时段，就有同事好奇，走了过来："又没花儿，你拍啥呢？"

我说："虫子。"

"哪里？"

"你刚刚从它身边走过，差点碰到它。"

同事显然没想到："啊，在哪儿啊？我怎么没看到？"

我指给她看，手指都快碰到虫子了，她才看见。但只匆匆看了一眼，就慌忙逃开了。

对虫子，一般人害怕和恶心都来不及呢，哪会想到它了不起的隐身功夫。这也许正合虫意，它们希望我们远离，好让它们在鲜为人知的暗处默默修炼，它们知道，对手不止人，多了去了，例如鸟儿，它们差不多是鸟儿餐桌上最精美最有营养的食物了。一口一只，多方便；高蛋白，吃一只顶吃半天素食了。

一只虫，如果能在鸟群里讨生活，其本领简直可以和单刀赴会的关老爷媲美了。

鸟儿多厉害，有能飞的翅，有锋利的爪，有尖锐的喙，还有明察秋毫的眼呢。想想吧，它们飞来飞去就能发现草丛中的虫子，眼神儿多精准。但虫子也不会坐以待毙。

那座小山，海拔才几十米，但地处江南，也蓊蓊郁郁的，被修建成了公园。种了几百亩梅花之后，有了些名气，人就更多了。我则喜欢公园栅栏外的风景，山脚下那杂草丛生的地方。那里都是野花野草野树，乱七八糟的，却更朝气蓬勃。鸟儿也喜欢，小树林里，传来一阵阵的鸟叫，有合唱，也有独奏。麻雀喜欢集体行动，呼啦飞到树梢，

呼啦降到地面，双脚像被微型锁链绑住了，只能跳着走。伯劳一副老谋深算的样子，落到一根树杈上，四处观看，等发现目标，嗖一下飞过去。喜鹊也不少，体型大，羽毛黑白分明，一举一动都引人注目。还有一种很小的鸟儿，跳来蹦去几乎一刻不停，细看样貌，眼神犀利，上喙有钩，像微缩版的猫头鹰，估计也非等闲之辈……

我来到这又后悔了：鸟儿们一天无事，一遍一遍地找虫子，麻雀找一遍，燕子再找一遍；大鸟粗粗地找一遍，小鸟儿更仔细地再找一遍……我还能找得到吗？

我只能慢下来，靠我的眼睛，更靠我的推理来找。

小桑树的嫩叶残缺了，是虫子啃的，旁边有一根干枯的“小树杈”，嘿嘿，我见过，尺蠖，你是真正的模仿高手啊。那有一排白色的“小米粒”，都空了，是蚕卵孵化后剩下的壳。扩大范围，找到两条野蚕，像短短的两截干枯的树杈，灰黑白，又像晒干的鸟儿屎。尺蠖，野蚕，它们就靠着这身本领在鸟儿的眼皮下生儿育女。

这大概是我见过的最艺高人胆大的实例了。佩服，五体投地也不为过。

艺不高，胆大，那是莽夫。胆大，必须有艺高来支撑。长坂坡赵子龙在数万曹军之中可以杀他个七进七出，换了别人早死几次了。

对面的楼顶边缘，那根用来避雷的钢筋上，常有鸟儿来光顾。那儿没食物，它们就是来歇歇，晒晒太阳，聊聊天。有时也吵架，打闹，在悬崖一样的楼顶的边缘就玩起来了，一点儿也不怕失足跌落。因为它们有翅膀，那是它们值得骄傲的资本。

这样一对比，我羞愧万分。

草蛉的五线谱

草蛉肯定是常见的昆虫，虽然我很少见到它。

这样说看似矛盾，但我有证据，我是根据证据推测出来的。比如，这个季节，蛐蛐、蝈蝈很多。傍晚到野外的草丛边，离开了人声鼎沸车水马龙的嘈杂，静下来后能听到蝈蝈和蛐蛐声清脆持续地传来，可是，让我捉几只给你看，恐怕很难。它们是隐身高手，而且身手敏捷，你不一定能看见，看见也不一定能捉到。说它们多，是从它们演奏的交响乐判断的。

草蛉常见，我是从它们的卵推测的。真要看到草蛉，也难。它们翅膀宽大，翅脉清晰，翅长超过身体，停在草上，像披着一件做工讲究的大氅。飞得也慢，不灵活，比豆娘、蜻蜓之类的差远了。但它浑身草绿色，落在草丛里，就像一滴水滴进了湖水中。我比较多地看到它们，还是深秋在单位大楼的墙上。大概是天凉了，一部分贪玩儿的草蛉没有准备棉衣服，慌里慌张地寻找过冬的地方，就出现在了墙角或缝隙里。没有了草丛或树叶的绿色背景，它们便很容易就暴露在了我面前。

草蛉的卵常见，而且因为特殊，容易辨认。单个的常产在狗尾巴草穗上，成堆的成串的，产在蚜虫密集的地方，那天我在一片合萌的秆子上看到了很多，今天又在红小豆的秆子上看到了，很艺术的一排。

前几天我才在纪录片中看到了草蛉产卵的画面，那么高难度的动作它竟然能轻易完成，之前我想都想不出。它准备产卵的时候，会抱紧草秆，产卵器分泌出黏液并粘到草秆上，然后拉出细丝，再在细丝的顶端产一枚卵。卵是长圆形，淡绿色。了不起的是那根细丝，头发丝一样细，不会被其他猎食者注意到。我看到寻找食物的蚂蚁爬来爬去，但都没有发现草蛉的卵。那根细丝，大概被蚂蚁看成了植物的茎上的纤毛，草蛉的这一巧妙做法，使自己的后代躲过了最初的捕食者。

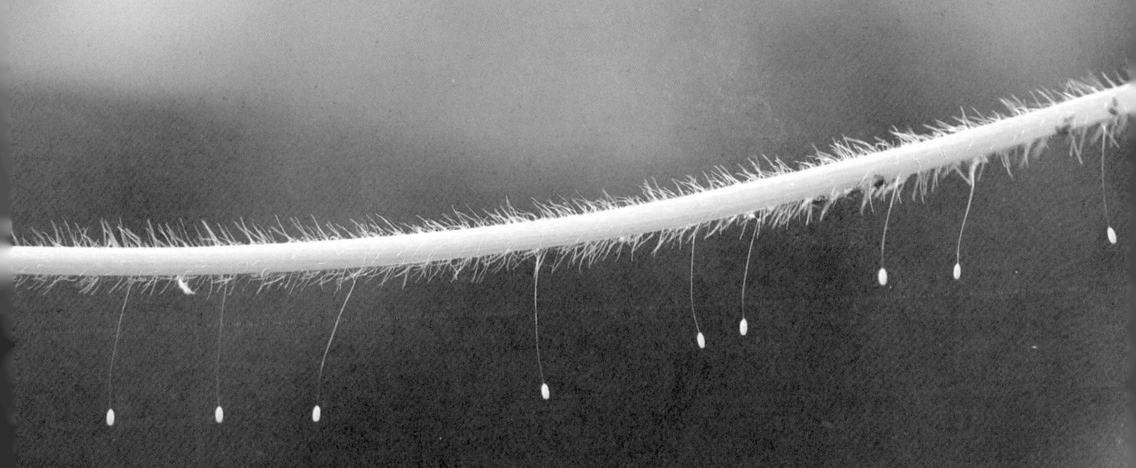

我曾在托马斯·艾斯纳的《眷恋昆虫》中看到，生物学家发现有的草蛉还会在那根丝线上滴上毒液，以防万一。这就更了不起了。

以前我总认为，昆虫没有哺乳动物高级，也许它们还没有进化出大脑，没有什么智慧。哺乳动物生下孩子后，还要精心喂养，等孩子能独立的时候才放手，这样很稳妥。而昆虫，包括蜘蛛，则没那么有耐心，大约靠概率取胜。一窝儿就是几十只几百只，能活下一对儿来就能保证种群的延续。所以，它们一般产完卵就撒手不管了，一切交给自然，听天由命。事实证明，我想得太简单了。

今天看到的草蛉的这一排卵，太艺术了，由此我猜想这只草蛉母亲，大概很安详，它顺着红小豆带一点纤毛的茎移动，挪一段距离就产一个卵，不疾不徐，细致认真，细丝连着下面的长圆形的卵，像极了五线谱的符号。再往前看去，豆秆柔嫩的尖端，布满了聚餐的蚜虫。那正是草蛉孩子的美食。

它为还没出生的子女考虑这么周全，谱写的应该是母爱的乐章。

早就看见你了

偶尔会有人问我，拍了这么多年虫子，不烦吗？摸爬滚打，流汗费力，不累吗？一般我不解释。不在一个频道，他没有心领神会，妙处自然就难与君说。

将精力消耗在手机娱乐里，那才是空虚。不过，一般我并不与人争辩。

但是对好朋友，我还是建议他们常到自然中去看看，微观世界的精彩太超乎想象了。如果你认为自己和那些小生命一样，都是自然之子，再看它们的眼光可能就不一样了。比如我，就常常把那些小精灵看成是一个个小孩子。它们天真，纯净，但也有小心思和小计谋。

草螽很老实，它们的大长腿无虫能比，但却很少跳。这一只正在吃苣荬菜的花瓣，很投入，我都挨着它了，也不跑。也可能是太好吃了，我看到它舔自己的腿。是不是像小孩儿吃蛋糕，奶油粘手指上，不是用纸擦，而是舔干净。

春末的时候，蟹蛛就大量出现了，但它们太小了，隐身本领又高，所以你心目耳力俱穷，也不见得能找到它。

想想，你那么大，对小蟹蛛来说，目标多么明显。它虽知道惹不起，但一般不跑，而是采取躲闪的策略，急了才会悬丝而下，藏到草丛深处。通常小蟹蛛会轻轻一转身，躲到叶子、草穗或草秆后面，那就到了考验眼力的时候了，明明就在你眼皮子底下，但你却不一定看得见。你换个角度，它也换，而且速度比你更快。都在绕圈子，你的半径比它大多了，你转不过它。

不过我对小蟹蛛的套路已经很熟悉了。草穗上，发现了一只，它也看见了我，迅速藏到了背面，只在小草穗上露出几截小腿。我找了片草叶，轻轻地在它面前晃动，它慢慢退后着躲避，就一点一点地转到了我这边。我的另一只手早端着相机在等候，参数也设置好了。

这下看清了，这个小脑袋，光滑无毛，满脸都是黄色的雀斑。在蟹蛛世界的评判标准里，这也许是帅哥或美女，但在我看来，它太寒碜了，光头不说，脸还不干净。

它还悄悄地变换姿势，就像在跳舞，特别生动。绿草，暖阳，微风，这是多么奇妙而奢华的舞台。我不由为它暗暗鼓掌。

拍了一会儿，站起身来的时候，看到一只广翅蜡蝉的若虫不请自来，竟然落到了我裤子上。这可太少见了！我慢慢地把镜头靠近，它大概感受到了光线的变换，以为不太安全，便慢慢地转过身去，用它奇特的尾巴完全挡住了自己，它把自己变成了一朵蒲公英的小伞。

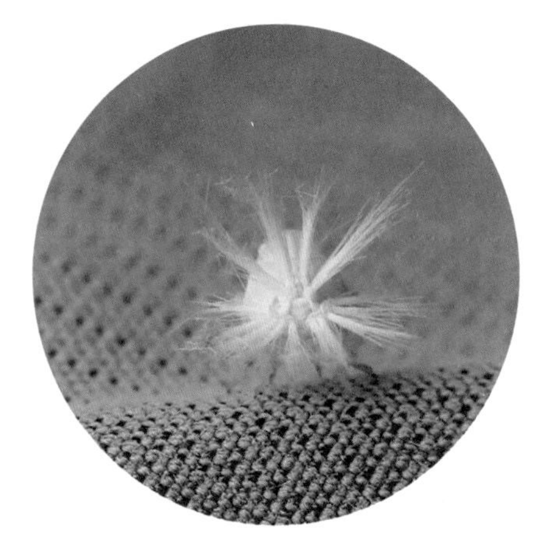

侄女小的时候，喜欢玩捉迷藏，其他大人感到无聊："别烦人，去去去，一边儿去。"我却喜欢陪着她玩儿。可在家里，就那么几间屋子，几件大家具，能藏到哪儿去呢？门后，沙发后，大衣柜里，床铺底下，除此就没其他地方了吧。有。一次，小侄女藏到了窗帘后面。别说，还真是不错的地方，但她的脚被我发现了。

她不敢动，我也假装没看见，就在附近转了两圈儿，还自言自语："藏哪儿去了呢？藏得真严实啊。"

时间到了，还找不到，我就认输了。她一撩窗帘，跑了出来，哈哈大笑，满脸的兴奋与喜悦，还带着汗水。

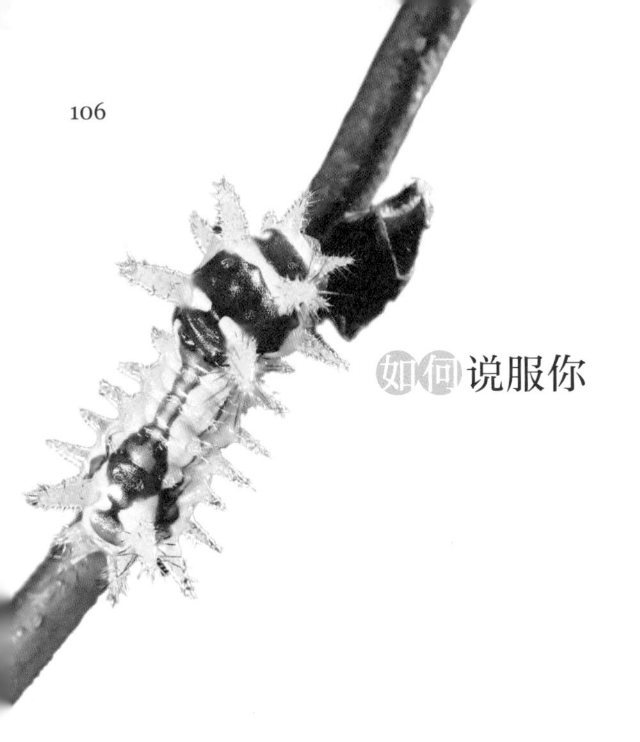

如何说服你

人的成见真是难改。

有人曾经问过我："苍蝇和蚊子飞到你房间里，你会打死它们吗？"

这像道德的拷问，问者似乎想证实我的伪善。我说："打！"

他又问："那你给它们留影是为了什么？"

我说，漂亮。

这似乎涉及审美问题，就不好讨论了。一只毛毛虫，在草秆上慢慢蠕动，细看，是世上独一无二的小火车，只是速度太慢。有些人，看都不敢看，认为毛毛虫和蛇蝎一样可怕，哪敢靠近。那些五颜六色、花枝招展的虫子，他们认为更恐怖，就像蘑菇一样，颜色越鲜艳，毒性越大。我有时会科普一下，希望能让想象力战胜他们的恐惧：别急，过不了多久，它们就会变成好看的蝴蝶或蛾子。

真是奇特，再没有比昆虫怪异的了，幼年和成年相差这么悬殊，像变魔术一样。那只寻常的蛹裂开一道缝，我们一般人猜不出里面会飞出一只什么样的虫子来。真像魔术师，手杖一挥就能点燃蜡烛，而

蜡烛一灭就变出一块手绢，手绢一抖，里面又飞出了鸽子……无穷无尽，永远猜不到答案。

小猫小狗，小马小羊，小鸡小鸭……没有不可爱的，而肉虫，就是蝴蝶和蛾子的童年。

没长翅膀之前，它们多么危险。那些颜色，那些毛刺，那些斑点，可都是千万年演化来的，是它们为了活下去与残酷的自然抗争的结果，有艰辛，有智谋。

我常常劝身边的人：试着走近它们。

但效果不佳。

一只虫子迷路了，在地上东跑西爬的，几个小孩子见了，叽叽喳喳地围了过去。他们好奇心强，很多小孩子根本没有机会近距离接触虫子。有的小孩儿虽凑得很近看着，但看那姿态，就像是要去点燃鞭炮：既要近，否则点不燃；又要做好随时撤离的准备，因为点燃之后剩下的安全时间就不多了。他们看了一会儿，突然，一个小孩子伸出脚就把虫子踩死了，一脸的勇敢。他的家长可能曾经示范过，告诉过他：虫子有什么好怕的，轻轻一捻就死了。他也只是有样学样罢了。

秋天的梨树、桂树、樱桃树，好多树的叶子上，常有刺蛾幼虫聚餐，它们似乎不挑食，到处都是，大部分是绿色的，也有一些装饰着彩色的花纹。它们喜欢躲在叶子底下悄悄地进食，只在边缘露出一个小脑袋。我指给朋友看的时候，他一个大老爷们儿本能地往后躲了两步。我说："何必呢，它们又不会主动攻击你。"他说："你不知道，我小时候上树摘枣子吃被蜇过，胳膊肿了好几天，你不知道有多难受，火烧火燎的，现在我还记得。"

那天翻《无尽之形最美》，看作者引用了梭罗的几句话："纵使你花一生的时间，也几乎不可能说服一个人改正他的错误思想，但是你必须满意地意识到，科学的进展也是相当缓慢的。倘若他本人不能够被说服，他的子孙或许可以。地质学家告诉我们，他们花了100年才证明化石是有机的，又多花了150年才证明这些化石并不是诺亚时代的大洪水带来的。"

好像是在劝我。一下子，不那么郁闷了。

传奇

黑斑园蛛算得上是蜘蛛中非常有特色的一类，就是放到节肢动物门也算得上独特。可惜，很多人从没见过。

这可能跟地域有关。不过我认为，更与它们一般不在蛛网上现身，擅于隐藏有关。

普通的蜘蛛结八卦网，之后头朝下端居网子中央，守株待兔。黑斑园蛛也结网，但不在网上守候猎物的到来，它会在网子边缘、树叶的凹陷处织一层网，很细密，白布一样，形成一个隐蔽的帐篷状的庇护所。昆虫触网后，肯定要挣扎，它接收到信号后，再出击。所以要想见到它，要时机巧妙。

第一次见到黑斑园蛛，是因为好奇。构树的叶子上有刺，让人绕着走。我看到一片叶子上的丝网边缘隐约有几条翠绿色的腿，像是蜘蛛，而且不是那种土褐色的蜘蛛，便找了一截草秆轻轻地拨弄。当它一下子爬出来的时候，我愣在了那里，动都不敢动。呆了一会儿，才慢慢拿起相机快速地拍了几张，生怕它跑掉。还好，它比较老实，和常见的跳蛛、猫蛛不一样。

掌握了这个规律之后，发现它并不算少见，但其大小不一，而且，细看，花纹繁复色彩艳丽，背部的图案没有重复的样式。

今天看到的这只，更加不一般。脑门上有个符号，像斧头帮的标记，也可能是它的家徽。我用一只小虫子引它出巢，有些愧疚，先向小虫子道了歉。后来我的镜头不小心碰到了蛛网，蜘蛛仓皇而逃，小虫也死里逃生，真是命大，我心也稍安。

我又引黑斑园蛛出来，它跑到我手上，我还没来得及拍，小家伙就顺着我左臂的袖子往上爬。这下坏了，我右手拿着相机，没办法阻止它。匆忙间，它已经不见了踪影。我摘下遮阳帽，没有；轻轻地把领子往上慢慢提，脱下了长袖 T 恤衫，没有。想来是我脱衣帽的时候，它已经悬丝而下跑到草丛中了，这是蜘蛛最擅长的本事。又检查了一遍，还是没见它的踪影，作罢，错过了细细欣赏它的机会。

继续往前走，土路边有一棵构树，姿态婀娜，斜伸的枝叶洒下一片阴凉，我想凉快一会儿再拍。摘下帽子的时候，发现小蜘蛛就在上面趴着，一阵惊喜，原来它一直跟着我。我拍了个够，才把它放到了树上。它要重新结网织巢了，不过对它来说，应该是轻而易举的事情吧。

想了好多次，还是想不明白大自然为什么创造出黑斑园蛛。它是怎么演化的？为什么背部有人脸一样的复杂而漂亮的图案？两点黑斑有什么用？整个图案为什么像年深月久的斑驳的油画……再想想那无边的草丛和灌木中，莽莽的原始森林里，很少涉足的水下，人迹罕至的深山，不知还藏着多少谜一样的小生灵，就更加敬畏神秘的自然了。

地球本身就是个传奇，到目前为止我们还不知道它到底是从哪里来，又是怎样形成的。如此神秘的地球又孕育出生命，载着不计其数的生灵在茫茫太空中运转，这就更加不可思议了。

我也在地球之上，作为其中的一员，何其幸运。

地球到底从哪里来？

地球的起源自古以来就一直是人们所探寻的问题，但到目前为止，任何关于地球起源的假说都有待证明。

关于地球起源的早期假说主要有两大派。一派认为太阳系是由一团旋转的高温气体逐渐冷却凝固而成的，称为渐变派，以康德和拉普拉斯为代表。另一派认为太阳系是由 2 个或 3 个恒星发生碰撞或近距离吸引而产生的，称为灾变派。这派的代表最早是布丰，以后是张伯伦和摩耳顿，还有金斯、杰弗里斯等人。

一排猕猴桃

鸡蛋、鸭蛋常见，超市的货架上多的是。鹌鹑蛋也有，蛋壳上有黑褐色的斑点。鸽子蛋就不太常见了，虽然我们常看到鸽子从蓝天中飞过。要是问，你见过小昆虫下的蛋吗？相信好多人会摇头。

但也许你曾经见过，只是不知道而已。例如天气骤变前，蚂蚁搬家的时候，工蚁叼着的那一粒粒白玉一样的小米粒大小的卵，就是蚁后下的蛋。好多人看到可能会错认，以为是蚂蚁的食物，是它们捡的残渣剩饭。不过能看到蚂蚁的卵也不大容易，一般是蚂蚁面临重大的威胁，它们才会带着最重要的东西——卵，转移到安全的地方。大多数的昆虫都会将自己的卵做精心的伪装，或者产在极其隐秘的地方，也就难怪粗疏和匆忙的人们难以一见了。

比如说草蛉，很多时候它并不集中产卵，而是东一个西一个地产在草穗上。那一粒淡绿色的椭圆形的卵，大小和形状太像狗尾巴草籽了，能发现它，需要眼力，更需要经验。为了儿女的安全，草蛉母亲肯定费尽了心思。

小蝽一般把卵产在叶子背面，偶有产在明面儿的，人们难以发现，黑乎乎的一小片，每一个卵比芝麻粒都小，不注意，还以为那一堆卵是叶子的一小块斑痕。可是，细看，一个个敦实的小水缸，上面还有盖子呢；也像精致的蛋挞，用有褶皱的纸壳盛着，甚是精致。

我曾在木芙蓉的叶子背面看到过一片淡绿色的卵。那时秋风已起，天气转凉，想是早晨的西风有些猛烈，叶子被吹得翻转了过来，一些卵已经和叶子分离。那些卵像一个个精巧的小点心，出锅降温之后，顶端还微微有些塌陷。可惜，我不知道是哪位母亲的艺术品。

今年春天，竟然有三次发现了蝶角蛉的卵。在干枯的草秆上，整齐的一排，不细看，还以为它们就是草秆的一部分，浑然一体。但当我拍下它们放大仔细看，才觉出精妙，它们就像是一排晾晒着的小猕猴桃，一个一个，颜色稍有差异，还能分出果顶和果蒂呢。美丽而奇特的蝶角蛉，蜻蜓一样的身子，却有着蝴蝶一样的触角，我只见过两次，没想到奇异的蝶角蛉产的卵也这么与众不同。这么多卵，这要是

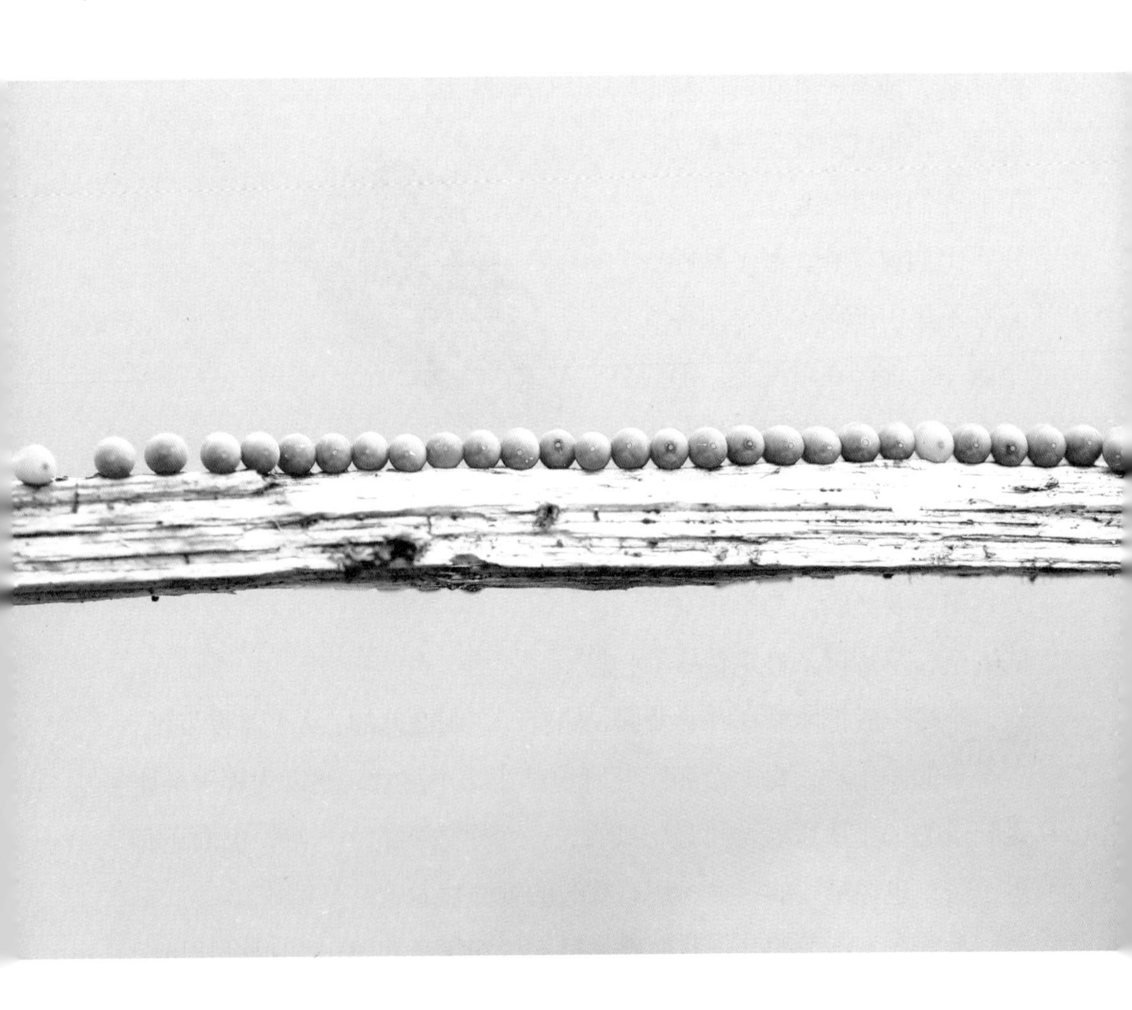

孵化出来，在周围的草丛和灌木中或飞翔或停落，该是怎样精彩的场景。

昆虫的卵，就像植物的种子，是生命最精华的部分。它们虽不起眼，但与石子沙粒又有着本质的区别，那小小的一粒里，携带着神秘的生命信息，肩负着传承的重任。

这样的传承，神奇，甚至美丽得充满了诗意。

你可真能装

第一次见到尺蠖是在湿地公园，那时我还不知道它叫这个名字。褐色，隐隐有些条纹和斑点，它后面的四只脚抓住一片草叶的边缘，身子挺得笔直，不细看根本不知道是条虫子。其实细看也不像，只是因为它是褐色的，在绿色草叶上，引人注目。我当时不敢确定，折了一片草叶拨弄它，它也只是身子歪斜一些而已，不改变姿势，也不逃跑。

后来经常看到尺蠖，进一步感受到尺蠖的这种执着坚毅的品质，它们好像都接受了某种特殊的训练，内心无比强大，隐去自己动物的特征，装作植物一样，一装到底，宁死不屈。

这考验它们的意志力，也考验其他动物的辨识力，包括我。

桑叶的背面，那根小“草棍儿”应该是尺蠖，但拍清了放大看，我才敢确认。那颗小桑树紧挨着两棵马尾松，刚才我看到，松针落下，偶然有一些穿过桑叶，挂在那里，叶子背面露出的那一截松针，像极了尺蠖。或者，这只尺蠖像极了干枯的松针。

再往一根桑树枝条的顶端看，柔嫩的桑叶有被虫子噬咬的痕迹，枝条上，靠近叶柄的地方，也有一根小“草棍儿”，粗细和叶柄差不多。细看，是一只小尺蠖。它横在空中，一直这样，不累吗？我调整了角度看，才发现它的头部和桑树的枝条间，还牵着一根丝线。这是保险绳，还是休息时的安全带，还是构成三角形稳定性的另一条边儿？

就选择来说，大自然是严厉的考官，一点儿情面也不留，不在顶尖儿，就会被淘汰。而留下来的，都是高手。尺蠖虽是肉虫，没有进攻的矛，也没有防守的盾，但它的隐身术绝对是绝世神功，竹节虫和枯叶蝶在它面前，都逊色不少，特别是在“坚持”这种品质上。你想啊，要是你去用一根小棍检验竹节虫和枯叶蝶的真假，它们会一动不动吗？虽然伪装得不错，但毕竟不是真的竹节和枯叶，有风吹草动，心一虚，还是忍不住要逃。

后来在拍豆娘的时候，发现了一只淡绿色的小尺蠖。火柴棍儿粗细，站在同样粗细的榔榆的枝条上，旁边就是小路，常有人经过，但它不管，它相信自己的功夫。为了拍摄，我清理掉了它旁边的两片叶子，它依

然不为所动。我以各种方式逗弄，希望它多给我摆几个造型。那样照片不就有意思了吗？但它似乎认准了，动更危险，静守才可能化险为夷。看它那个小枝条一样的造型，小枝条一样的颜色，小枝条一样的稳定，我心想：你可真能装啊。

没办法，只能装下去。很可能是，之前一定有很多不会装的，或者装得不彻底的，都逐渐被淘汰了，剩下了它们这些伪装高手。大江东去，大浪淘沙，浪也会淘尽千古风流人物。你可以说曹操梦中杀人是权谋，刘备在青梅煮酒论英雄中的表现能获奥斯卡最佳男主角，但如果从生物属性上来看，他们，也不过为了活着而已。从这个角度来看，人和虫子都是一样的。

尺蠖的样子有些好玩儿，但这背后的残酷却让我感叹：要是不装能好好地，谁还装呢？

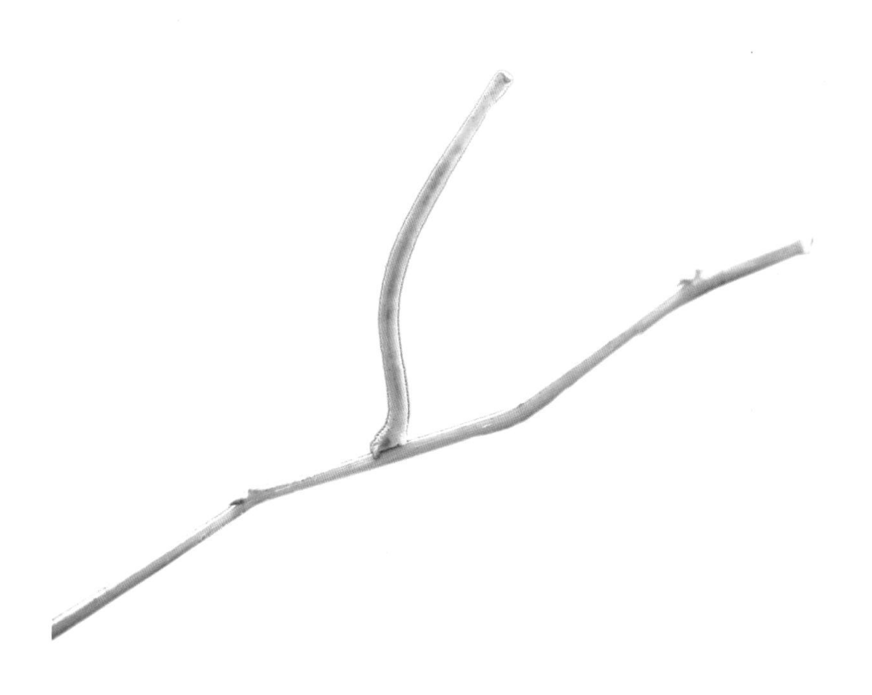

选择

在野外，常看到昆虫被困，有困在植物上的，例如在水竹芋上，我就好几次看到被困的蛾子和草蛉，荻花上也曾看到很多苍蝇被困。但最常见的，还是在蜘蛛网上。不救，于心不忍；救，有些多管闲事。

但我以为，不能一概而论。当然，已经死掉的，就无所谓救和不救了。前两天就在蛛网上看到一只蜉蝣，短触角，长尾巴，透明的翅膀还反射着金光。但已经一动不动，估计被困蛛网超过一天了。好可怜啊，蜉蝣的生命最短才一天而已，还被蛛网困住，它太不走运了。微风中，蛛网上的蜉蝣轻轻晃动，翅膀的金光，一明一灭。

问题是活着的，还在挣扎的，看着让人更心疼。这要分两种情况，一是如果蜘蛛在，或者是蜘蛛已经对它做了第一次捆绑，当然不能救，救了，对蜘蛛来说就不公平了。你以为蜘蛛捕食易如反掌，那就错了。就连狮子、老虎捕食的成功率也很低，挨饿是常态。蜘蛛织一张网本身就是一件不容易的事情，怎么能放走它的劳动成果呢。这是一个生态链，泛滥的同情心实属多余。而且你只看到了猎物被捕的可怜，却没有看到很多猎物一转身就是猎手，吃起其他小昆虫来毫不留情。

还有另一种情况。被捕的飞虫在蛛网上挣扎，却没有蜘蛛来吃。那么，这张蜘蛛网就是一张废网，蜘蛛不知去了哪里，也许蜘蛛也遭遇了不测。那么，再给蛛网上的猎物一次机会吧，我就这样救过一只蜻蜓。那是清晨，天刚亮，我在寻找拍摄对象的时候，一只蜻蜓撞上了蛛网。我没有看见，是蜻蜓扑棱棱的挣扎声吸引了我。我看了看，没有管，就到坡下的河边去拍照了。回来的时候已经过去近两个小时了，看到蜻蜓还吊在蛛网上，我知道，这里没有蜘蛛，这是一张废弃的蛛网，蜻蜓几乎已经耗尽了力气。我捏住它的翅膀，慢慢地清理掉

粘在上面的蛛丝，一撒手，它嗖地飞上了天空，瞬间没了踪影。死里逃生，估计它惊魂未定，不知飞到哪里去给自己压惊了。

今天又在蛛网上看到一只豆娘。是常见的那种蓝绿颜色的豆娘，很健壮的样子，翅膀被蛛丝粘住，六条腿悬空。没见蜘蛛，不然早就过来捆绑吸食了。蛛丝很细，估计是一种小蜘蛛织的，豆娘只要抓住什么东西，然后爬行，就能扯断蛛丝，可它的腿在空中能抓住什么呢。我伸过手指，它就慢慢爬了过来，它应该知道怎么脱困。

我轻轻地移动手指，到了光线好的地方，给它拍了几张做纪念。不远处就是小山，正值夏天，山上长满了植物，蓬蓬勃勃，不时传来蝉鸣和鸟叫声，太阳刚出来，一切都很生动。

刚才，估计太劳神费力了，它在我手指上待了一会儿，攒了一些力气，才展翅飞走。

注意安全啊，以后可能就没有这么幸运了。我这样说，不知小豆娘能不能听懂。

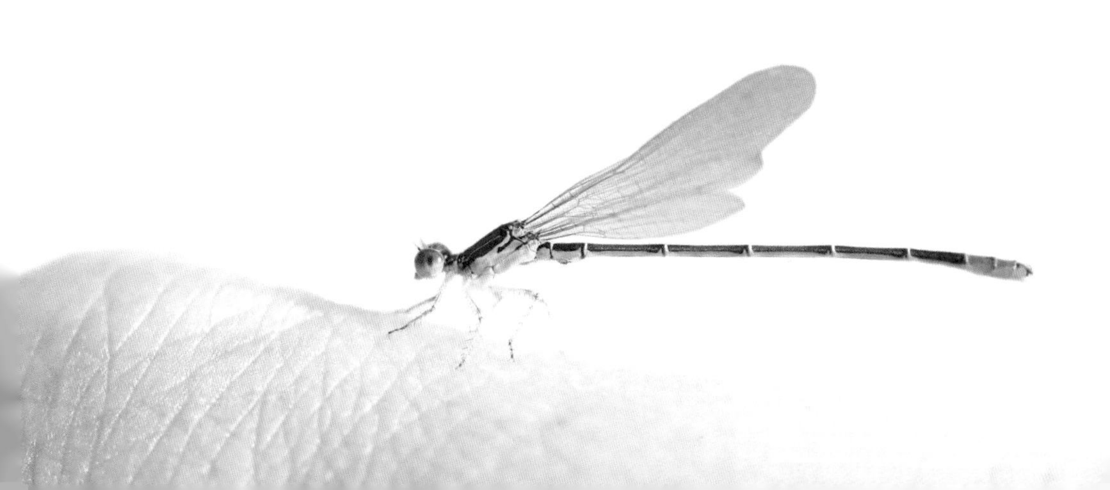

百变杀手

今天竟然拍到了蝶角蛉幼虫，我兴奋了很长时间。

都快中午了，还没什么收获，天气闷热，便想往回返了。在森林公园门口，又看到了无风自摇的桃花草。噫，那一棵的草茎中间有些粗，黑乎乎的有什么东西。凑近了看，像小蝽，像黑蚜虫。拍出来放大看，它们浑身是刺，才发觉出这不是一般的虫子。

引了几只到石头上，到叶子上，再拍，看清了它们的武器。像锹甲的巨颚，比锹甲的更锋利，而且，都是张开来，似是设置了触发机关，随时准备收紧。

这么小，这么凶狠的姿态，似乎不管是谁，只要到了它的攻击范围，它就会出击。周围还有卵壳，明明是刚孵化出来。看来杀手是天生的，没人教。

在纪录片中，看那小鳄鱼，母亲是不喂食的。孵化后，母亲将小鳄鱼从沙土中叼到水中就不管了。而小鳄鱼无师自通，从吃小青蛙和水边的昆虫开始了自己的杀手生涯。

一开始我还以为这张牙舞爪的小虫是蚁狮呢。蚁狮也是这样镰刀状的大颚，自己在沙子中挖一个漏斗形的陷阱，躲在底部的沙子下面，只等路过的小虫子犯下疏忽的错误。查了资料才知道，原来是蝶角蛉的幼虫。

它扁平的身子遍布毛刺，眼睛上也是如此，这要是趴在潮湿的石头、枯叶和树皮上，很难被发现吧。据说，它极有耐心，能一个姿势等上几天。真是可怕的杀手。

可是，看起来如此可怕凶狠的小虫长大后，竟然是漂亮的蝶角蛉，实在是让人意想不到。

蝶角蛉，本来就少，又喜欢在森林中昏暗的地方活动，一般人无缘一见。即使见了，也常会被误认为是蜻蜓，因为它俩太像了。但它是“蛉”，和蜻蜓不属于同一目，它和常见的草蛉是亲戚。蝶角蛉有蝴蝶一样的触角，长，栉节，尖端鼓槌状。想想，蜻蜓加上这样漂亮的一对触角，是多么美丽神奇的小生灵啊。

由浑身是刺的杀手到姿态翩翩的蝶角蛉，这是怎样一种变化啊。其实，姿态翩然的蝶角蛉依然是凶狠杀手，不要被它美丽的外表迷惑。

包括蜻蜓也是，它的幼虫，叫水蚤，也是无情的杀手，常潜伏在溪池泥底或枯枝散叶之下。它下唇变异，折叠，像机械臂，顶端有钩子，较大的水蚤甚至能捕鱼和蝌蚪，十分凶猛。水蚤的出击速度极快，一般只需要三百分之一秒，真的是迅雷不及掩耳。有的地方把蜻蜓的幼虫称作“水蝎子”，有一句歇后语这样说：“水蝎子——不怎么蜇（着）。”意思是人或事物平常，不怎么样。知道了水蚤的本事，我发现，这个歇后语肤浅。它是不会蜇，可它的本事比蜇厉害多了。

童话一样的萤火虫，吃起蜗牛来也毫不留情。

说白了，活着，都有自己家族世代修炼的独门绝技，没有本事早就灭绝了。只是那些小生命的绝世武功，我们视而不见罢了。

真想把那一串小虫子带回家养着，一两个月之后，就是几十只蝶角蛉，它们在我的小屋子里翩跹起舞，那该是怎样的盛况啊！可是，我喂它们吃什么呢？它们要乱爬，我怎么控制？可别暴殄天物啊，这样一想，还是作罢。

它们属于自然，因为不常见，才充满了神秘，也留下了邂逅的惊喜让我期待。

数学家邂逅美学家

南瓜是农作物，太土了，上不了台面，农民们一般用它做南瓜汤或熬南瓜粥，切成块儿蒸着吃也行，和红薯差不多。在老家没有人正儿八经地去种南瓜，往往是春末在田边地头、沟坎坡沿栽几棵秧苗，就随它生长攀爬了。南瓜的生命力很强，几乎不挑土壤和水肥，随便一个地方都能长得茎秆粗壮叶子肥大。秋后，草丛里，柴草中，不经意间会发现它们圆墩墩的果实，已经老得有些发黄了，让人惊喜。

但南瓜是数学家，这点好像没多少人在意。南瓜须紧密地盘成几个标准的同心圆，慢慢伸开，成渐开线，再往前伸展，就是一条直线了，抓住攀缘之物，直线又会变成螺旋线。须上还有细密的绒毛，像精致的装饰。

更妙的是，美妙蜷曲的卷须之上，常有昆虫来点缀。昆虫五颜六色的，又奇形怪状，很像现代派的美学家，它们的到来，让土里土气的南瓜生动起来。

猜想之前的情形是，这些草虫顺着南瓜茎向前爬行，来到尖端的嫩叶前发现没了道路，便爬到了南瓜须上。南瓜须细嫩，爬上去颤颤

巍巍的，幸好草虫们脚上都有细刺，方便它们攀爬。它们慢慢地绕着南瓜须爬几圈，不明白道路为什么越走越难。也许它们早就习惯了这里，南瓜须成了它们的体育器材，直的部分是单杠，圆圈就是吊环，晃晃悠悠的，趴在上面大概就像荡秋千一样。

蜜蜂来过，这里没有蜜，它肯定是来玩儿的。同伴儿不在，它有些无聊。我看它上杠动作有些笨拙，上下了两次，无趣，就飞走了。

小蝽来了，它不喜欢吃素，这根南瓜须是独木桥，冤家路窄，它以前可能就是这样劫持猎物的。可今天看起来它好像没什么耐心，走走停停，不一会儿，也展翅飞走了。

也看到过蜗牛爬上来玩儿。蜗牛是素食主义者，据说是牙齿最多的动物，细砂纸一样地锉着吃东西。蜗牛虽常见，我却不知道它们喜欢吃什么，慢吞吞地爬，稍有风吹草动身子就缩到壳里，是胆小的小动物。它爬到南瓜须上，那个造型，我竟然想到了很不搭的一句诗：长河落日圆。

瓢虫也找到了一根南瓜须，它一定是在寻找它爱吃的蚜虫，可惜，这上面没有。这是一只红色的七星瓢虫，颜色鲜艳，大漆一样反着亮光。红绿对比，亮丽生动。半圆形的身子精巧标致，红底黑点的着色很有美学品位，是自然的杰作。翠绿的南瓜须之上有一只红色的瓢虫，齐白石的工笔也描画不到这么美妙。这个搭配绝佳，像天造地设。

我也曾看到一只翠绿的尺蠖爬上南瓜须。尺蠖一定是非常胆小的虫子，它爬爬停停，总不忘摆个非虫子的造型，以免被天敌发现。它和南瓜须的颜色几乎完全相同，二者翠玉一样，也很和谐。在暗色的背景下，南瓜须和尺蠖纤毛毕现，我满意极了。

发给朋友，反应出乎我的意料："哎，虽然……但是……呵呵，一只虫子你拍这么清楚干吗？"

微距明星

跳蛛是微距明星，我越来越喜欢它们了。

原因之一是它们小，太小了，小到一般人看不见。草叶上，一个小黑点儿，一闪就不见了，谁会在意呢。不注意的话会以为是一只大蚂蚁或一只小苍蝇，只不过跳蛛比它们更机警。跳蛛胆子很小，我的镜头靠近它，它先是退着走，镜头再靠近，它就会逃到叶子下面去。再逼急一些，它就发挥它的特长，跳走了。可能跳到另一片叶子上，可能直接跳到地上了。跳蛛虽不结网捕猎，但还是会拖着一根蛛丝，保护自己，就像高空表演的杂技演员腰上系的那根保险绳，万一跳空了呢。

以前我也看不到跳蛛，总以为拍到的人是运气好。后来自己也练出了一些眼力，才发现跳蛛其实很多，身边就有，而且很好接近。关键是看到之后，别着急，慢慢接近，让它接受你，直到把你当成自然的一部分，比如一棵一米七三的树，只是没有树叶。如果它背对着你，也不用着急，它很活跃，一会儿就转过身子来了。

当然，跳蛛能成为微距明星，不单是因为小，还因为那大大的眼睛。常见的蜘蛛眼睛都小，例如猫蛛，拍出来，只是几个黑点，根本

看不清哪里是眼睛。跳蛛和它们相比，前面的四只眼睛大得不成比例，闪着亮光，就像汽车的大灯。拍清楚看，十分神奇。

但是，跳蛛本来就小，眼睛再大，还能大过它的脑袋吗？因此，拍清楚跳蛛的眼睛也不是一件容易的事。一开始我也拍不好，特别是光线不强的时候，更是看不太清。但拍多了，便有了一点儿经验，很多时候，是我对焦的时候，感觉跳蛛眼睛那个位置亮了一下，这应该就是对准了，马上按下快门。

我拍到过几只黑跳蛛，几只花跳蛛。但只拍到过一次白跳蛛，那是初春的时候，春风还可以用料峭来形容，它却已经从自己的丝被中出来溜达了，我拍了没几张，它就跑回了自己的小被窝儿，那一会儿，好像是专门出来给我做模特。

我还在黑暗的草丛底部拍到过一只小跳珠，小眼神儿和其他跳珠一样，十分犀利。不一样的是，它戴着金色的拳击手套。

现在，网上有卖跳蛛的了，各种花色品种都有，但我从来没买过。我不知道怎么养，弄不好就是杀生了。再说，拍完之后呢？放生吗？

它要不是这个环境下的物种呢，放生也等于杀生。它要是生存能力超强，就成了入侵物种，也不行啊。还有人传授经验，说跳蛛太活泼不好拍，放冰箱的冷藏室里冻半个小时再拿出来拍就听话了。这就有点儿不人道了。

自然界中那么多跳蛛，这次碰不到，就下次吧。它跳就让它跳吧，等着它，总有不跳的时候，那时再按快门也不迟。喜欢，就去欣赏吧，只要它们存在，生龙活虎，拍不到是一件多么微不足道的事情啊。

拍到它们美丽的大眼睛自然是一件让人高兴的事情，拍不到也无所谓，就当和一个调皮的小孩子做了一会儿小游戏。在青山绿水间，也是一件美妙的乐事。

魔高一尺，道高一丈

那两棵小柳树，病恹恹的，叶子稀疏，看着就有问题，但我转了一圈儿，也没发现什么异样，便以为它们是未老先衰，就离开了。

柳树是容易招虫的，天牛、蚱蝉这些能飞的就不算了，单说肉虫，我就发现过好多种。这些肉虫一般很大，就像一片肉乎乎的柳叶。

发现它们纯属偶然。大多是在找别的什么拍摄对象的时候顺带看到的：比如说跟踪一只落在柳树上的蝴蝶，一只红蜻蜓，或者是追赶一对水边飞过来的色蟌时。我没追上那些小家伙，却发现柳叶有些异样：原来是虫子。细长，绿色，尾巴是尖的，头上奇怪的触角像叶柄，身上还有精致的条纹，像叶脉，它趴在柳叶上，就像一片大树叶上重叠着一片小树叶。

这只柳枝上的豆虫好像知道自己的长相，它本来在悄悄地啃食柳叶，大概是感知到某种威胁靠近了，便慢慢地停下进餐，上半身一点一点地后仰，呈一片柳叶状，然后保持不动。更可能是它不自知，只是不会这样做的豆虫都灭绝了，就剩下这些看似聪明的。所谓演化，就是大自然进行这样的一层层筛选。我这是用镜头删繁就简，从杂乱的柳枝柳叶间择出了它来，用很浅的景深虚化了背景。设想一下真实的场景，你还真不要对自己的眼神儿太自信。

我就不止一次遭受这样的打击。

今天去野外，路过那两棵小柳树，我又停住了脚步，我就不信了，明明叶子上都是噬咬过的痕迹，有的还比较新鲜，怎么就看不到虫子呢？找一遍，再找一遍，终于发现了，原来这种虫子灰褐色，有斑点和凸起，有不多的纤毛，休息的时候，它紧紧地贴在柳条上，像用胶水粘住了一样。不细看，以为是柳条受伤之后变粗了一点儿，变成了枯木的颜色。以前没发现过这样的小虫子，不知是哪种蝴蝶或蛾子的童年。

低调，隐身，活下来就是一切；艳丽，张扬，留给有翅膀之后吧。我猜它们是这样安排一生的。

发现一只之后，再看，在同一根柳条上就又看到了六只，放眼望去，满树都是。它们也太贪心了，太明目张胆了，把一棵树快啃光了。如果一棵树只有三五只虫，吃掉一些树叶也显不出，那就能与树和平

相处了，自己也会平安无事。

这小虫土了吧唧的，没有姿色，我拍了几张之后便准备离开。就在扭头的时候，竟然发现一只小螓捕捉到了这种虫子，正在进餐。小螓真是厉害，发现我之后它转到了叶子的背面，只用那根注射针头一样的刺吸式口器，就能挑着虫子爬。过不了多久，虫子就会被它吸食得只剩下一张皮。

这种小虫隐身技法虽然高妙，但小螓还是发现了它，此所谓魔高一尺，道高一丈。我也多次见过小螓被猫蛛捕食的场景，小螓慢悠悠地爬，猫蛛跳过去抓住，飞一样的敏捷身手。

山外有山，天外有天。猎物和猎手之间的角色，就这么轻易转换了。

刺儿头

有一种牙膏叫两面针，开始以为刷牙时有针灸作用，到了云南才知道，两面针其实是一种植物，叶片两面都长着钩状皮刺。其实带刺的植物太多了，例如常见的枣树、洋槐，玫瑰、月季，葎草、杠板归等都是，几乎没有不带刺儿的植物，只是有的太明显了，印象深刻。感受不深的话，你穿着丝袜到野地里走一圈儿就知道什么叫“荆棘丛生”了。

野外的牛羊驴马，甚至蝈蝈蚂蚱，都要啃食植物。植物长刺，一定是演化出的防御武器，起码是功能之一。扎根在一个地方，动也不能动，总不能干等着被吃吧。

小动物其实也不安全，不少也长着刺。

我分析，一部分小动物的刺应该是它们的感觉器官，稍有风吹草动它们就能接收到信息，以便做出相应的举动。例如苍蝇、蚂蚁，放大看，浑身是刺。一般人看不到，蜘蛛身上的刺更多，像毛发一样。

另一部分小动物的刺，应该是伪装。蝶角蛉的幼虫，连眼睛上都有刺，黑乎乎的，要是趴在树干或石头上，它们又那么小，就像一粒小豆子长了黑毛儿，你就很难发现了。当然，它那带刺儿的变态的大颚是实实在在的武器，钩镰枪一样，捕食用的。它还能使毒，比它大数倍的动物也不怕，它太相信自己的武器了。

今天看到了两只猎蝽，都在一种矮小的植物上，那种植物的枝干和叶子上都有刺，猎蝽在顶端，混在几片嫩叶中间，又是淡绿色，几乎融为一体了。我细看这只小猎蝽，身子上有刺，腿上有刺，就连细到头发丝一样的触角上，也有刺。

我知道，这只小昆虫有一根最厉害的刺，那就是它的嘴。匕首一样锋利，而且中间是空的，能给猎物注射毒液，就像医生手术前给病人注射麻醉剂。这支小匕首平时向后折叠，隐藏在胸下，用的时候伸出在前，真像短兵相接时，战士在步枪前装上的刺刀。

前两天还看到一只小猎蝽捕猎的场景。那么小的一只猎蝽捕获了一条比它长几倍的肉虫，针管一样的刺吸式口器刺入虫子的体内吸食，太厉害了。而且，它四条腿倒挂在一片叶子上，两条前腿抓着虫子，力气够大的。

再想想刺猬和豪猪这些真正的刺儿头，还真不好惹，一身的刺，就是狮子老虎想吃也无从下嘴。其实，它们大概也不想这样，但没办法，进攻不行，就要学会防守，长矛不锋利，盾牌就要尽量坚固。

记得上小学的时候，老师和学生都称调皮捣蛋的同学为“刺儿头”，语带贬义。后来自己也读师范了，也当老师了，读了一些心理学方面的书，才知道，那些“刺儿头”同学，貌似很痞，学习不好，还欺负老实同学，其实他们自己既自卑，又脆弱，也是弱势群体，带刺儿，不过是虚张声势。

我一对照，我的“刺儿头”同学，和带刺儿的动植物，好像啊。

被日光困住的蛾子

大部分蛾子是夜行昆虫，白天很难见到它们的身影。科学家研究发现，蛾子是靠月光来确认方向，如果把灯光错认成月光，那可就凶多吉少了。飞蛾扑火的惨剧，就是这么发生的。

我们能在白天看到的蛾子，大多数就是因为它们夜晚被灯光吸引，飞到了室内或者室外的灯下，到天亮时也没有找到回去的方向，它们被白天刺目的日光困住了。夜晚的光线暗淡，蛾子已经适应，白天的日光刺眼，估计它们恨不得戴上墨镜，电焊工防弧光用的那种。在漫长的生命演化道路上，夜晚何曾有过这些炫目的光源？晚上的灯光给

它们出了一个巨大的难题。

也因为这个失误，我得以在白天看到难得一见的蛾子。

办公室旁有个小会议室，穿过便是厕所，晚上常亮着一盏日光灯，方便大家，但下班后也不知谁最后离开，总之常常忘了关。有一次，就飞进了一只硕大奢华的箩纹蛾。我看到的时候，它趴在水泥房梁和天花板的交接处，黑乎乎的，除了体型大，看不出有什么特色。我搬来凳子，用一个纸箱把它轻轻地移了下来，到窗前，才看清了它繁复低调奢华的花纹。简单的黑色和棕色的搭配，给我的感觉就像名贵的皮草，看一眼就感觉它高贵。触角是栉状，细密，由长到短，整体像一片漂亮的叶子。这是我第一次这么近欣赏到如此精致的蛾眉，心情激动，印象深刻。

甚至有一天，我上班推开门，竟然看见一只花纹同样繁复高贵的蛾子就落在窗帘上，像是等着我来拍。晚上这儿没灯，大概是被什么气味吸引，顺着不大的窗缝进来了，可想出去就难了。到白天，回家的希望就更渺茫了。

还有一天，下着小雨，我看雨点落在玻璃上的斜线的时候，无意中发现窗外趴着一只白蛾。这种蛾子常见，但这个姿势难得，我这时能看到它的腹部。它的腹部倒是没什么奇特的，但却发现了它原来把触角藏到了身子下面。以前在野外看到过它，以为没有触角，没想到

原来是它的触角太漂亮了，它小心翼翼地珍藏了起来。估计它也是昨晚被灯光吸引，但隔着玻璃，却不能接近，就像跟着导航开车到了河边，能清楚地看到对岸，但就是过不去。这只蛾子大概到死也想不明白为什么这光线近在眼前却又远隔千里。

鬼头蛾以前我也只是听说过，这次竟然在室外看到了，就在走廊的栏杆上。它背部靠近头部的那个地方有一个骷髅头一样的图案，不知是不是用来吓唬敌人的。用手捉蛾子的时候，它扑棱棱飞动，会掉下一些粉末，小时候听大人说，这种东西若进入眼睛，人就会瞎掉。大概很多人害怕蛾子，就是这么慢慢形成的。这也好，一些朴素的禁忌对小动物是一种变相的保护。

我还看到过一只小蛾子，背部不是让人害怕的鬼脸，而是很有意思的孙猴子，毛茸茸的，像极了。它安静地落在窗框上，估计也是迷路了，挣扎了好多次未果，现在力气都没了。我拍完，又细细地看了一会儿，才推开窗户，赶走了它。

还有很多，水泥一样颜色的，翅膀像生了锈的，带金边儿的，三角形翅膀的，胖墩墩的……它们，这些大自然的小精灵，误打误撞地到了我的眼前，让我开了眼界，见识到了这个世界难得一见的精彩。

祝愿它们不被伤害，趁下一个夜晚，快点逃离这人间灯光布下的陷阱。

滴水藏在大海里

最喜欢看自然纪录片了，野生动物的生存竞争花样百出，步步惊心，在它们面前，一切所谓的“电影大片”不值一提。记得在讲丛林的那一集里，主持人说：“热带雨林里的小动物，能生存一天就算成功。”即使没有看过这部纪录片，由此一句话，你就可以想象，在那看似生物天堂一样的丛林里，活着是一件多么艰难的事情。

不过即使如此，热带雨林依然是地球上物种最为丰富的地方，生机勃勃，异彩纷呈，超乎想象。

在大自然长期的你争我夺的生存竞赛中，每一种生命都掌握了独门绝技。在所有的生存技巧里，最令人着迷的，是它们千奇百怪的隐身术。不管是猎手还是猎物，最基本的是，先把自己藏起来：猎物藏起来，猎手就难以发现自己；猎手藏起来，就更容易接近并捕获猎物。

你能看见的飞禽走兽，只是生物中微不足道的一小部分，大部分生命，包括在你身边的那些，很多

人都无缘一见。

那次在山里，走累了，便在一根枯木上休息。那棵大树倒下有些时日了，部分树干已经开始朽烂，树皮上满是苔藓。此时正是干旱的季节，苔藓也干成了标本。我喝着水，漫无目的地四处看着，一会儿感觉好像苔藓中有什么东西动了一下。经验告诉我，可能有昆虫隐藏其间，赶忙悄悄上前查看，原来是一只簇天牛，我以前没拍到过这一品种。我慢慢把它引到没有苔藓的地方，再看，它比普通天牛的触角上多了两朵绒球。这有些不可思议，大概像小孩子们捉迷藏，隐藏者总不被发现也无聊，便发出一点声响，降低难度。它要趴在那不动，又没有这两朵小绒球，我就是碰到它，也不一定能看见。

竹节虫名气就更大了，我才见到过一次。不知怎么回事，它自己爬到了木栈道上。我找了一根小树枝，引它上来，方便我拍摄。真是奇特的昆虫，它的身子、触角、六条腿，甚至眼睛、嘴巴，都是干枯的小树枝的形状和颜色，它几乎把自己完全变成了植物的样子。我想凑近多拍一些细节，镜头的遮光罩不小心碰到了它，它便悄无声息地

掉到了草丛中，我顺着那个方向找了半天，连影子都没找见。

小蝽也是隐身高手。虽然它是猎手，刺吸式口器像注射用针头一样，锋利无比，但它的天敌也不少，例如螳螂、寄生蜂、变色龙、蟾蜍之类，所以说，它这个猎手也可能成为别人的猎物，特别是在它还没有长出翅膀的时候，因此它必须学会隐身。我在两株小蓼花上看到两只小蝽，它们都完美地和花穗融为了一体。一株蓼花的花穗是淡粉色的，花上的小蝽也是，它背部的形状和颜色模仿得以假乱真；另一只身体淡绿色的小蝽藏在淡绿色的蓼花上，也伪装得一模一样。实在奇怪，没有镜子，它们如何照见自己的模样？就是有镜子，又如何看到自己背部的颜色？它们何以知道自己在哪种环境下会遁形呢？

深秋的时候，

又去过一次山里。天冷地寒，我想拍摄的昆虫难觅踪影，它们大都想办法藏起来过冬了。但也有那么一些还硬撑着，也许在等谁，不见，所以不散；又或许是终身大事还没完成，心有不甘。只是此时，依然不安全，天冷不说，关键是那些鸟儿，眼神儿太好了，飞行中都能发现草丛中的小虫子，实在马虎不得啊。

有些虫子，大概会随季节变色。看那只剑角蝗，灰不溜秋的，几乎和干枯的野草融为了一体。一只尺蠖也是，它布满斑点的皮肤，就像一件军人的冬季训练服，身体也与干树枝的粗细也差不多，它会保持一个姿势很长时间一动不动，就像个小树杈。

你要有一双火眼金睛，那么就能发现，草丛中，灌木里，树叶上，这种小生命太多了。很有可能，我们到目前为止只发现了一小部分。

我推测，肯定还有好多昆虫和其他小生灵未被我们发现，它们隐身得天衣无缝，就像灰尘落进了土里，树叶藏在了树上，滴水汇入了大海。

一、如何区分蜻蜓和豆娘

二者都是常见的昆虫，不少人会把豆娘当成“小蜻蜓”。除去大小的区别，从下面两点也可以轻易把它们区分开来：

1 <<<

蜻蜓的两只复眼挨在一起，头部呈球形。而豆娘的两只复眼分开，头部像个小哑铃。

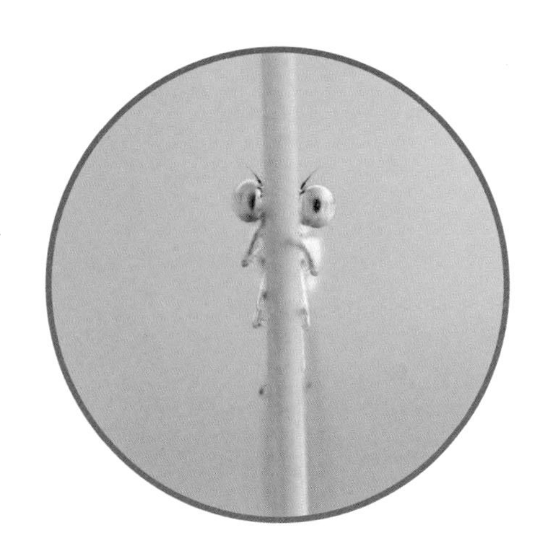

2 <<<

蜻蜓休息的时候翅膀平摊开，而豆娘一般是并拢。

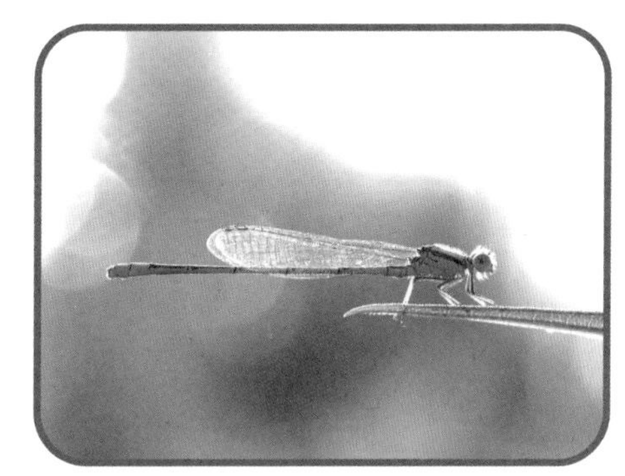

二、如何区分蝴蝶和蛾子

蝴蝶和蛾子乍一看很像，但仔细观察还是有很大区别的。主要有两点：

1 <<<

看触角。蝴蝶的触角细长，顶端稍粗，像小鼓槌。蛾子的触角形状多样，比如有的蛾子触角就像小梳子，精细；也像眉毛，古人称女子的眉毛就叫“蛾眉”。

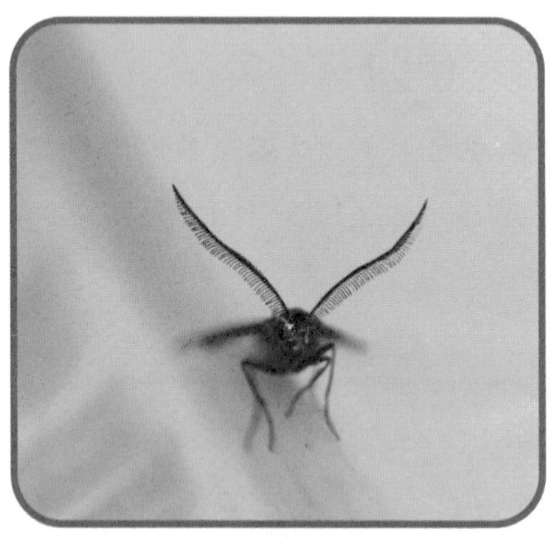

2 <<<

看翅膀。蝴蝶静息时，一般将双翅竖立于背上。蛾子静息时，双翅平叠于背上或放置在身体两侧。

三、如何接近一只昆虫

昆虫有的能飞，有的能跑，有的能跳，对人警觉，想要接近观察，要有一定的经验和技巧：

1. 不要穿鲜艳的衣服，尽量穿灰色或绿色衣服，当然最好是迷彩服。
2. 发现昆虫之后要慢慢靠近，动作要轻，让它们适应你。
3. 注意光源，不要让你的影子遮挡住昆虫，它们对光线很敏感。
4. 尽量在早晨去，那时昆虫有的没醒，有的还没热身，好接近。

四、试着自己记录

美丽的大自然处处都有惊喜，只待你去细心发现。你是否也对哪一位虫子朋友产生了好奇呢？请试着记录下它的形态或特征。

图书在版编目（CIP）数据

我的虫子朋友 / 高东生著. -- 武汉 : 长江文艺出版社, 2023.5(2024.8 重印)
ISBN 978-7-5702-3009-9

Ⅰ. ①我… Ⅱ. ①高… Ⅲ. ①昆虫－儿童读物 Ⅳ. ①Q96-49

中国国家版本馆 CIP 数据核字(2023)第 031724 号

我的虫子朋友
WO DE CHONGZI PENGYOU

责任编辑：马菱药　　责任校对：毛季慧
整体设计：一壹图书　　责任印制：邱　莉　胡丽平

出版：長江出版傳媒 | 长江文艺出版社
地址：武汉市雄楚大街 268 号　　邮编：430070
发行：长江文艺出版社
http://www.cjlap.com
印刷：湖北恒泰印务有限公司

开本：700 毫米×980 毫米　1/16　印张：9.75
版次：2023 年 5 月第 1 版　　2024 年 8 月第 2 次印刷
字数：117 千字

定价：35.00 元
